是文字性的名称❶。对北京城市空间的持续关注和研究，成为我学术研究的主战场，也为我深入思考当代北京城市空间的形态规律提供了基础。

20 世纪 90 年代初，我博士毕业后在清华大学建筑学院任教。那时，正是北京城市超大规模发展的初始。其后，城市规模急剧扩展，城市活动日益丰富，映入我眼帘的是一幅有厚度的、丰富多元的、立体的当代北京城市空间景象。于是，我开始关注北京城市公共空间的品质问题，对北京城市公共活动与空间之间的关联产生浓厚的兴趣。从 1996 年开始，结合硕士研究生的培养，我拟定了当代北京"弱势空间"系列研究，针对北京城市公共空间中的"弱势空间"，如：商摊空间（杨滔）❷、街头观演空间（傅东）❸、无障碍空间（庞聪）❹、胡同游空间（谷郁）❺、行乞空间（戚积军）❻、婚庆空间（谷军）❼、殡葬空间（兰俊）❽、宠物空间（刘磊）❾、老字号空间（陈瑾羲）❿、夜市空间（夏国藩）⓫、公厕空间（汪浩）⓬等，指导研究生展开城市整体空间调查与研究。"弱势空间"体现了城市公共空间对人的关照，体察空间的细微部分。我把这项持续十余年的研究称为"微观北京"城市弱势空间系列研究。

❶ 参见朱文一.空间·符号·城市——一种城市设计理论.北京：中国建筑工业出版社，1993年版；台北淑馨出版社，1995年版.
❷ 参见杨滔.北京街头零散商摊空间初探.清华大学硕士学位论文，2002年.
❸ 参见傅东.20年来北京大众观演空间研究.清华大学硕士学位论文，2001年.
❹ 参见庞聪.北京城市无障碍外部空间初探.清华大学硕士学位论文，2005年.
❺ 参见谷郁."胡同游"空间研究.清华大学硕士学位论文，2005年.
❻ 参见戚积军.当代北京城市行乞空间初探.清华大学硕士学位论文，2005年.
❼ 参见谷军.当代北京城市婚庆空间研究.清华大学硕士学位论文，2008年.
❽ 参见兰俊.当代北京城市殡葬空间研究.清华大学硕士学位论文，2007年.
❾ 参见刘磊.当代北京城市宠物空间研究.清华大学硕士学位论文，2007年.
❿ 参见陈瑾羲.当代北京"老字号"空间研究.清华大学硕士学位论文，2007年.
⓫ 参见夏国藩.当代北京城夜市空间研究.清华大学硕士学位论文，2008年.
⓬ 参见汪浩.北京公厕与城市公共空间.清华大学硕士学位论文，2007年.

微距北京旧城

"微观北京"系列研究追求相对完整地呈现当代北京城市公共空间品质的状况，并针对城市空间品质的进一步提升和优化，提出了若干建设性的意见和建议。这项研究从一个侧面弥补了快速城市化进程中北京城市公共空间研究的匮乏。2008 年，部分研究成果以专栏形式在《北京规划建设》、《建筑创作》上连续发表。

2001 年，我开始招收博士研究生。当代北京城市空间特色问题，成为我关注的研究领域。我拟定了"广角北京"城市空间研究系列，指导博士研究生完成了当代北京城市宗教空间（金秋野）[1]、行政空间（王辉）[2]、纪念空间（高巍）[3]、博物空间（秦臻）[4]等专项研究。"广角北京"城市空间研究系列中的校园空间、女性空间、犯罪空间、大众体育空间、地下空间、影院空间等专项研究正在进行中。广角北京以"整体切片式"的研究视角和方式，尝试挖掘、呈现和创造当代北京城的空间特色，为北京迈向宜居城市提供参考。

北京作为中国的首都，它的发展可以看成是中国城市发展的一个缩影。我有幸亲身经历了北京城近三十年的巨大变化，并结合自己的专业，在有限范围内追踪了北京城的空间演进轨迹，探索了北京城的空间特征和特色。研究成果以我主编的"当代北京城市空间研究丛书"的形式出版。第一辑《微观北京》收录了我从 1997 年到 2005 年期间指导硕士研究生完成的北京街头零散商摊空间、北京大众观演空间、北京城市无障碍外部空间、北京旧城胡同游空间等研究成果。第二

IV

[1] 金秋野.当代北京城市宗教空间研究.清华大学博士学位论文,2007
[2] 王辉.当代北京城市行政空间研究.清华大学博士学位论文,2008
[3] 高巍.当代北京城市纪念空间研究.清华大学博士学位论文,2008
[4] 秦臻.当代北京城市博物空间研究.清华大学博士学位论文,2009

当代北京城市空间研究丛书 7

朱文一 主编

微距北京旧城

Zoom In Beijing Old City
Studies on Urban Spaces in Beijing Volume 7

朱文一 编著

清 华 大 学 出 版 社 · 北 京

TSINGHUA UNIVERSITY PRESS

微观北京&广角北京
——当代北京城市空间研究丛书总序

　　1980 年，我来到北京，在清华大学学习建筑学专业。三十年来，亲历了中国城市、尤其是北京城的飞速发展。在攻读博士学位期间，我师从吴良镛先生，开始城市空间的研究。我的博士论文，从理论上进行了中国和西方城市空间的比较研究，探索了中国城市空间的本质特征及其演进规律。其中，有关北京城市空间的研究成为博士论文的重要组成部分。论文中提出的中国城市空间的"边界原型"和"街道亚原型"，呈现了中国城市建筑空间的本质特征和演进规律。千年古都北京城完整地体现了"边界原型"和"街道亚原型"空间特征。近代以来，体现西方城市建筑特征的"地标原型"和"广场亚原型"，正在融入北京城市空间。今天的北京城，旧城四合院以及单位大院的空间肌理延续至今，新区建设中出现的"大院式"楼盘遍布北京城。从中可以发现，"边界原型"呈现出的"院套院"空间形态依然很清晰。而王府井商业街、前门商业街和三里屯酒吧街等街道空间特色鲜明，延续了"街道亚原型"空间形态。与此同时，"地标原型"体现出的高楼林立景象以及同心圆放射的环路空间结构，逐渐成为当代北京城空间的形态特征。从 20 世纪 50 年代天安门广场的建成到 90 年代初越来越多"广场"的出现，表明"广场亚原型"正在成为当代北京城的显性空间，尽管有不少"广场"仅仅

辑《微观北京 & 广角北京》收录了我开设的"微观北京"和
"广角北京"两个学术专栏上刊登的 36 篇关于北京城市空间
研究的学术文章❶。这是我从 2005 年到 2007 年指导研究生完
成的研究成果。第三、四、五、六辑由我指导的博士研究生
完成：金秋野著《宗教空间北京城》、王辉著《行政空间北京
城》、高巍著《纪念空间北京城》、秦臻著《博物空间北京城》。
第七辑《微距北京旧城》源自我主持的研究生课程作业以及
我对当代北京旧城的思考。

　　北京城市空间研究是一项长期持续的工作，系列丛书中
五本著作的出版只是一个开始。希望这套丛书能为北京城市
空间品质的提升、美好人居环境的创造添砖加瓦。

朱文一

2009 年 12 月 28 日

2013 年 7 月 20 日修改

于清华园

---

❶ "微观北京"专栏，《北京规划建设》2007 年 03 期—2008 年 04 期，共 23 篇；"广
　角北京"专栏，《建筑创作》2007 年 07 期—2008 年 05 期，共 13 篇。

微距下的真实

　　梁思成先生眼中的北京旧城是都市计划的无比杰作。吴良镛先生提出北京旧城整体保护理论，并成功地进行了旧城保护有机更新实践。今天的北京旧城，品字形轮廓依然是地图中辨别北京的重要元素、"院套院"空间结构[1]依然明晰、申请世界文化遗产的中轴线正在大规模整治，长安街、平安大道以及胡同、街道等以正东西南北为方向的格网空间肌理延续至今，旧城中的四合院及大杂院建筑、民国时期建筑、新中国建筑等交织并存。这表明，北京旧城既是一个地理位置的概念，也是历史时间的表述。但"北京旧城"四个字中的"旧"字已经不是纯粹的、完整意义上的"旧"，而是以故宫、天坛以及延续至今的四合院及胡同街区等为主体的"旧"，穿插其间的是见缝插针的各个时期的"新"建筑。这就是今天北京旧城空间的概貌。

　　针对北京旧城空间，从近代开始到今天，已经有了海量的研究成果。在已有的关于旧城空间的研究中，有关注旧城整体建筑风貌的，有分析旧城整体空间格局的，有研究中轴线及长安街等街道空间的，有研究住宅社区、商业街区、公园绿地的，还有研究弱势群体对应的弱势空间[2]的。这些研究都从各自的视角呈现了北京旧城的空间秩序和规律。但如果要问"当代北京旧城的整体空间状况如何"这样的问题，上述的种种研究也许不能回答。具体的说，"当代"指的是今天北京旧城中活动的共时态表述，"整体空间"是指北京旧城62平方公里的空间范围。上面的问题也可以理解为，在当代的一

1.朱文一. 空间·符号·城市——一种城市设计理论[M].第一版.北京：中国建筑工业出版社，1993；台湾：台湾淑馨出版社，1995/10；第二版.北京：中国建筑工业出版社，2010.

2.朱文一. 微观北京 & 广角北京[M]. 北京：清华大学出版社，2011.

个时间段里，完整呈现北京旧城62平方公里范围内的所有活动所对应空间的状况。这是一个无法回答的问题，因为没有一种理论和研究方法可以穷尽扫描所有的活动对应的所有空间状况。

对此，《微距北京旧城》一书中提出了一种"微距空间随机取样"研究方法，尝试将"当代北京旧城的整体空间状况如何"的问题，简化为"在整体北京旧城内随机取样一定数量空间的状况如何"。以这样的方式进行北京旧城空间共时态研究，可以相对客观地、在概率意义上还原北京旧城的整体空间状况。具体的方法是，将北京旧城62平方公里约9000米×9000米的空间范围划分成1000米×1000米的网格，以网格的四个角点加上网格的中心点共计5个点，作为随机取样的空间样本。每个样本以30米×30米的地块为研究范围。在北京旧城空间范围内，共有181个地块，其中有118个地块在旧城边界内，63个地块在旧城外边。

结合清华大学"建筑与城市理念"研究生课程作业，我组织了由1名助教博士生和22名研究生组成的课题组，探索了"微距空间随机取样"研究方法在当代北京旧城空间中的应用。其操作方式是，将181个地块按X、Y坐标编号，输入专业摇号软件，22名研究生分成7组，每组3～4名研究生通过软件随机抽取13个地块，采用拍摄照片、速写记录、问题采访及调查问卷等方式进行实地调查。课题要求在181个地块中抽取100个地块，除了一组研究生抽取到中南海内的地块而无法进行调研之外，共完成有效调查报告87份。课题进行的时段为2008年11月至12月两个月，调查时间统一为周一至周五工作日的某天下午2点至3点之间的一小时内。调查范围严格限制在30米×30米地块内。调查内容有地块信息，包括地块的权属及类型如商业、娱乐、居住、办公等；自然景观，包括草种、树种、水面以及栏杆座椅等；地块活动，包括来往行人的行为、车辆交通等；地块建筑，包括建筑材料、颜色、特色建筑元素、建筑气质、空间印象等。2009年1月，调查结果以专题展览的方式在清华大学建筑学院进行了展示，得到了基本肯定的评价。

这项研究一方面强调认知北京旧城空间的整体，而不是某个片段、某一局部或某种类型；另一方面，注重研究过程和表述的相对客观性，进而得出尽可能接近真实状况的结论，而不是带着既有框架、甚至结论寻找证据式的研究。87个地块随机散布，共时态调查报告如同一道"横断面"切片，将当代北京旧城空间的整体状况鲜活地呈现出来。概括地说，《微距北京旧城》揭示了当代北京旧城空间存在的五个方面的特征：第一，当代北京旧城空间处在变化之中，是所谓现在进行时态的空间；旧城中的很多地块正在建设中，空间发展构成了主旋律。第二，当代北京旧城空间中，建筑及空间的形式古今中外无所不包、无奇不有，空间类型相当齐全。第三，旧城空间品质良莠不齐，精致和低劣品质的空间鱼龙混杂、共处一地。第四，北京老城故事多，空间中呈现生活百态，阳春白雪和下里巴人，美态和丑态、雅态和媚态、常态和病态等多态共存。第五，从建筑的建造过程来看，当代北京旧城空间如同一场演示各阶段建设的展示秀。建筑基础大坑正在开挖，建设中的脚手架正在搭建，建筑主体结构封顶后立面装修正在进行；建设中遇阻碍的建筑处于停工中，刷满"拆"字、人去楼空的建筑正等待爆破，写满广告并长时间搁置的伪烂尾楼正在出租；还有，居民自建或私搭乱建正在进行，各种市政基础设施正在施工，等等。总体上，当代北京旧城空间立体丰富、多姿多彩，乱象中见活力、无序中显规律。

微距北京旧城

今天的北京城已经成为一座国际大都市。这意味着，正在发展和转型中的北京旧城空间面临着比过去更为复杂、丰富、多元的境况。希望《微距北京旧城》一书的出版，能为更全面、更准确、更客观地认知当代北京城市空间提供一种研究视角和平台，进而为整体提升北京旧城空间品质提供理论和方法基础。

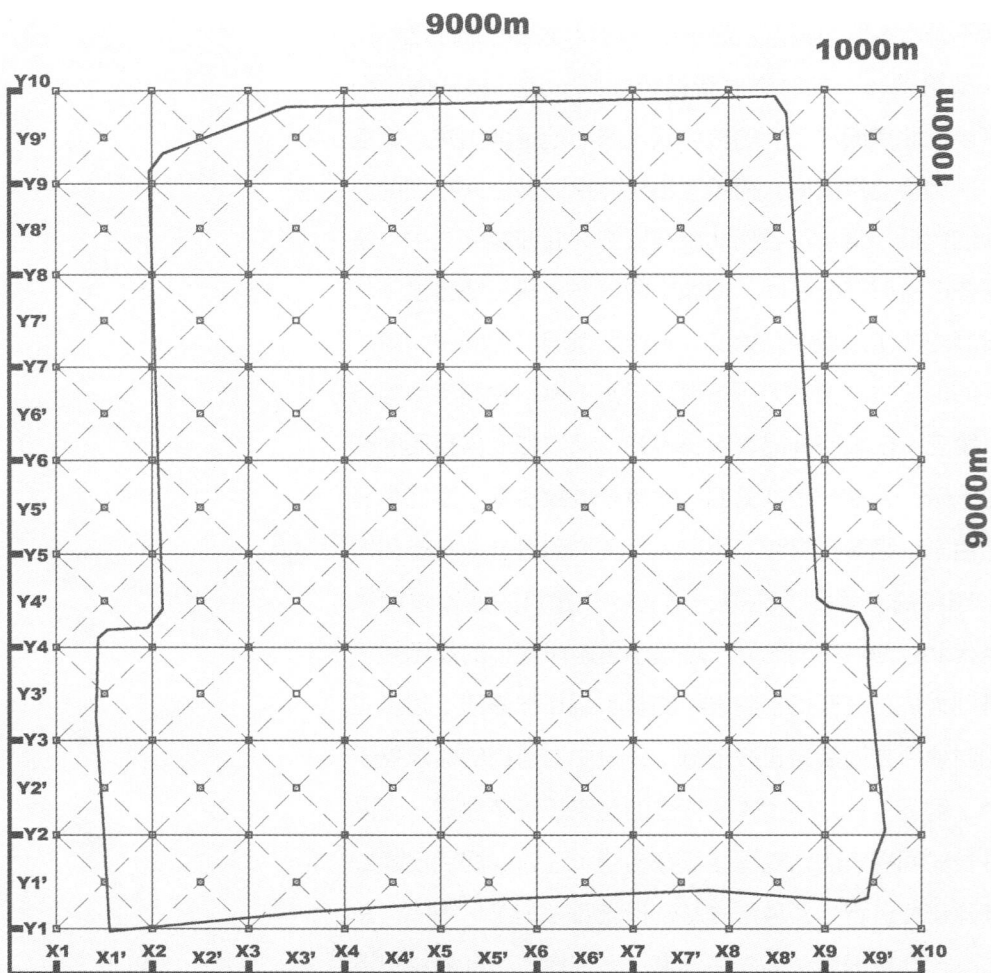

9km×9km分区选点示意图

第一组：易灵洁/安玛丽/康惠丹，完成13个地块，表示为 ①

第二组：罗晶/闫晋波/邱惠国，完成11个地块，表示为 ②

第三组：李煜/史夏瑶/钟庆发，完成15个地块，表示为 ③

第四组：李华/王舸/陈国民/黄瑞林，完成15个地块，表示为 ④

第五组：曹雯/魏钢/刘博，完成15个地块，表示为 ⑤

第六组：刘利/石炀/潘睿，完成9个地块，表示为 ⑥

第七组：郭晓盼/金世中/黄文镐/姚涵，完成9个地块，表示为 ⑦

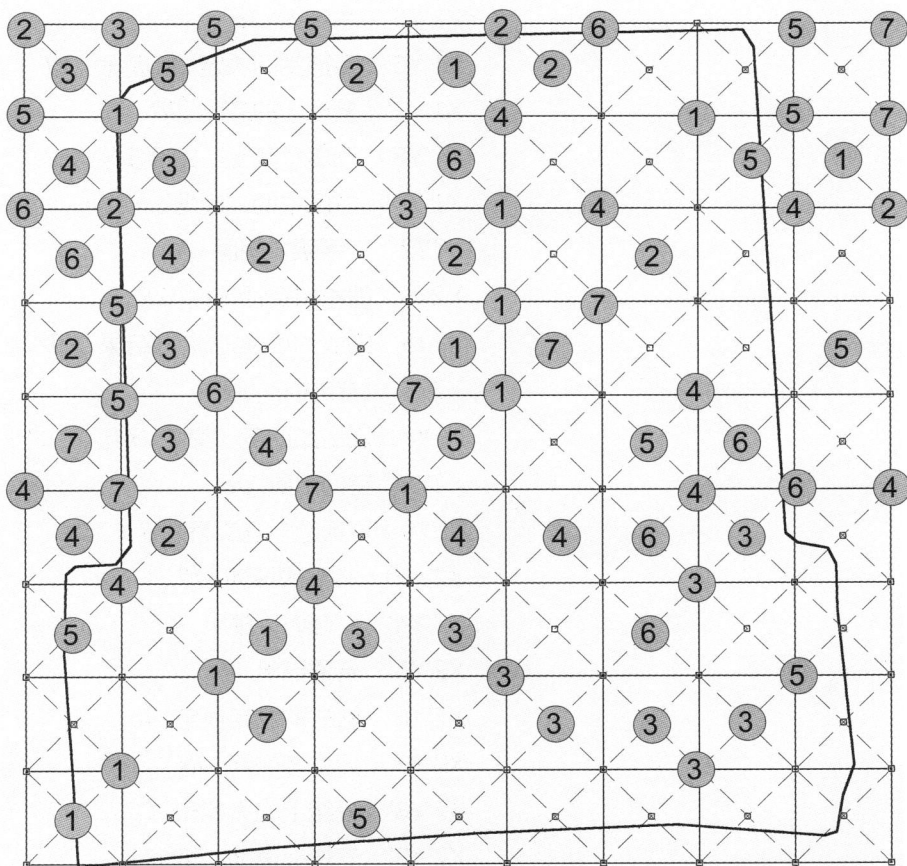

已经调研的87个地块

微距北京旧城

目录

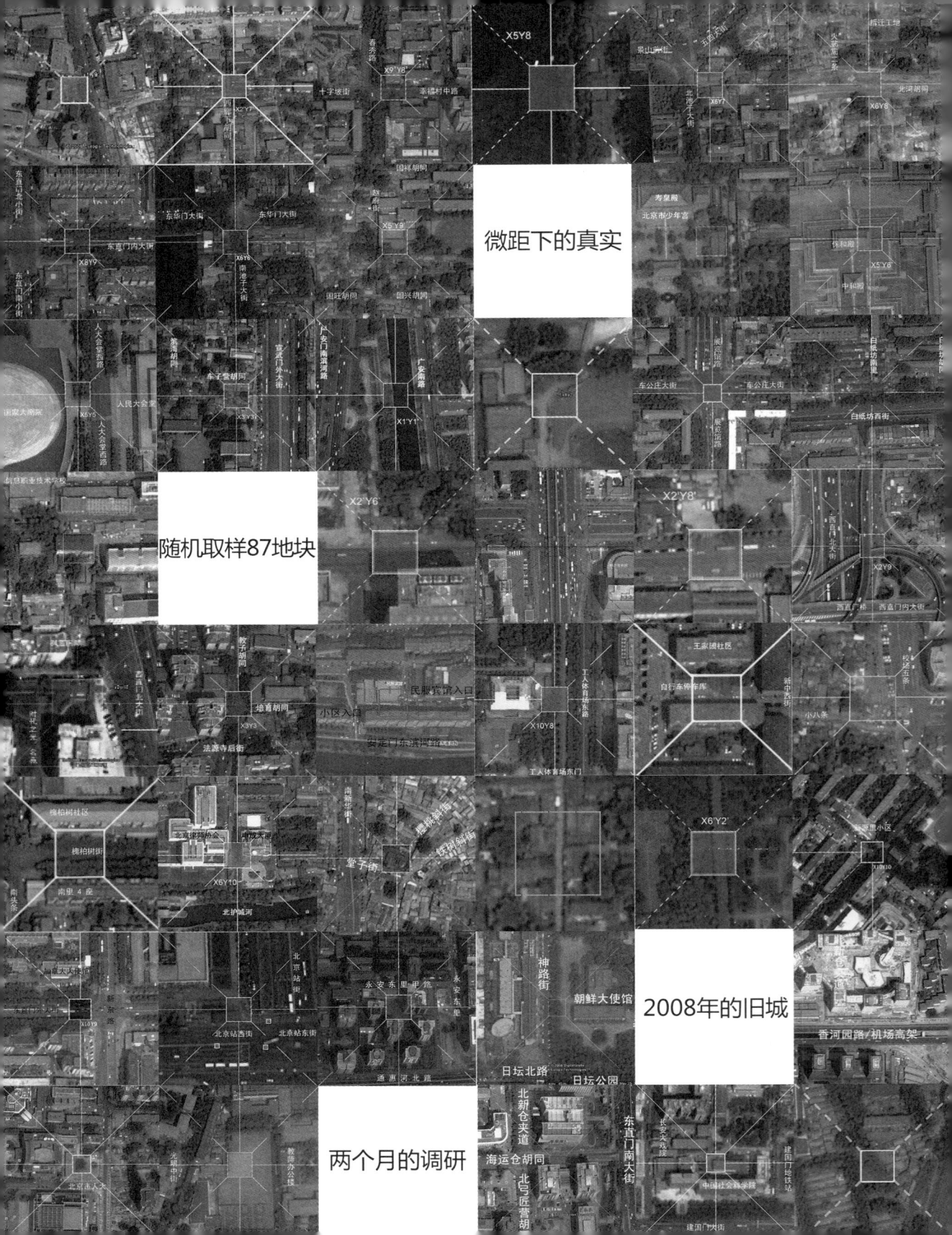

微距下的真实

随机取样87地块

2008年的旧城

两个月的调研

微距空间方法

87份调查报告

3年多的编撰

87篇作者感言

微距北京旧城

微距北京旧城

朱文一：据说，土地的混合使用可以避免过度的功能分区带来的弊端。30米×30米见方的小地块X1Y5中，不同单位的小学、大学和宿舍混在一起，所谓的"混搭"看起来很和谐。在当代北京旧城中，这样的地块还有很多。不知道这样的"混搭"算不算土地的混合使用？

调研小组：李华（第四组：李华/王舸/陈国民/黄瑞林）

地块信息：地块位于西城区白云路（首都博物馆东侧路）的东侧，临近中华全国总工会，包含部分总工会宿舍和白云路小学的建筑。

地块景观：小学和宿舍楼都是砖混结构，用涂料刷成砖红色，宿舍楼还有抗震加强的框架结构。基本属于我国解放后至80年代初的仿苏现代主义风格。总工会宿舍大院用铁艺栏杆和外部分开。地块内的植物包括毛白杨、小叶黄杨，还有一只白色博美犬。

地块活动：根据2008年12月5日下午3:25至3:37观察，地块内单位众多，经过行人46人，通过自行车4辆，电动车1辆。单位间的小巷中人的活动最密集。

总平面图

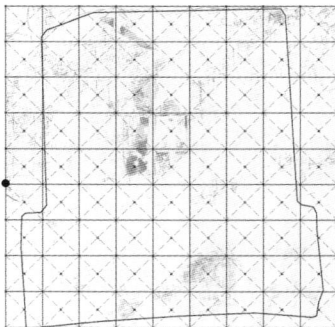

地块X1Y5区位图

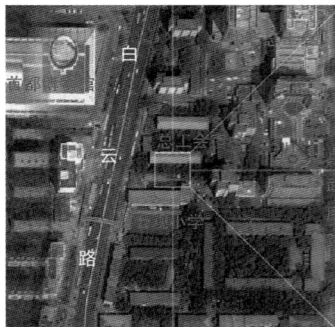

地块周围状况示意

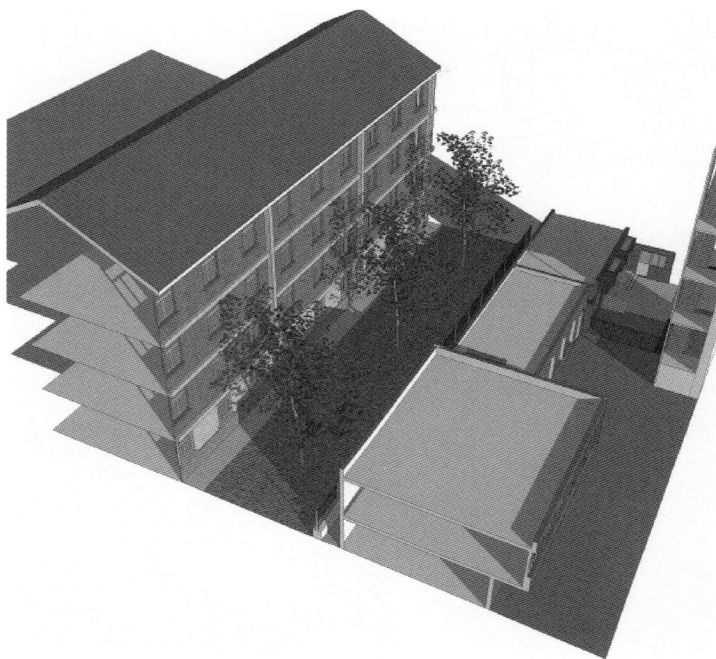

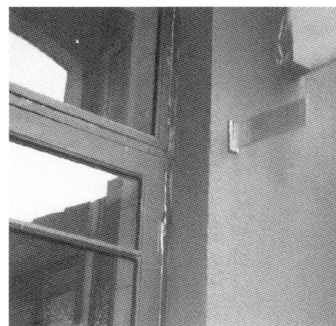

微距北京旧城

朱文一：曾几何时，进城或外出旅行是一件很惬意的事情。今天，当人们坐在大马路上行驶的铁壳子车里的时候，恐怕有的只是焦虑的心情，传说中的"惬意"成了浮云。地块X1Y8被称为"死地"，这是对今天状况的描述。中国有一句老话，叫做"置之死地而后生"，相信北京的明天会美好。

调研小组：潘睿（第六组：刘利/石炀/潘睿）

地块信息：地块位于车公庄大街和展览馆路的十字交汇处，属于彻头彻尾的交通空间。

地块历史：车公庄大街位于西城区西部。东起西直门南大街，西到三里河。原名车轱辘庄，后音转为车公庄。展览馆路位于西城区西北部。南起阜成门外大街，北至西直门外大街。因其北端有北京展览馆而得名。

地块景观：地块中几乎没有任何人工构筑物。从空间上看，有车行空间、缓冲空间和人行空间几个部分，以及空中的电线网络。

地块活动：地块位于交通道路中央，大量的机动车穿梭不息。如果把这个空间作为一个孤立的空间体块来进行研究的话，这片空间可以视为"死地"。因为这是一个充满大量汽车尾气且不可持续发展的地块。另一方面，人们自以为生活在蓝天之下，享受自由，然而在同一个天空下面还存在着另一个界面，即线网。它是人类所编织的一张巨大的网，把人和自然界分隔而开。当人们还在为鸟儿生活在笼子里、禽兽被关在假山上而唉唉叹息的时候，骄傲而自满的人类却用"城市"和"天网"把我们自己罩了个结结实实，从天空俯瞰，人类难道不是也生活在笼子里么？

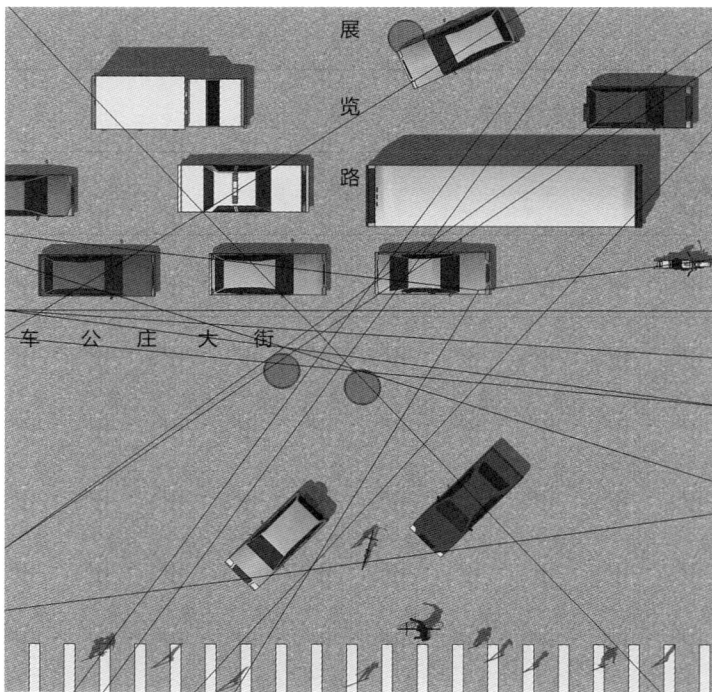
总平面图

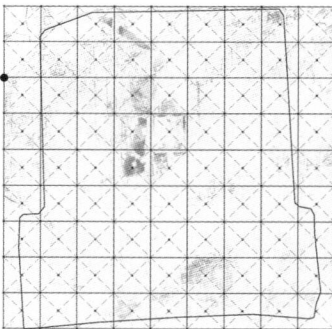
地块X1Y8区位图

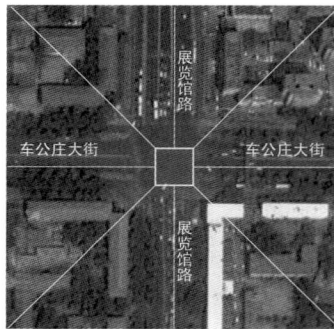
地块周围状况示意

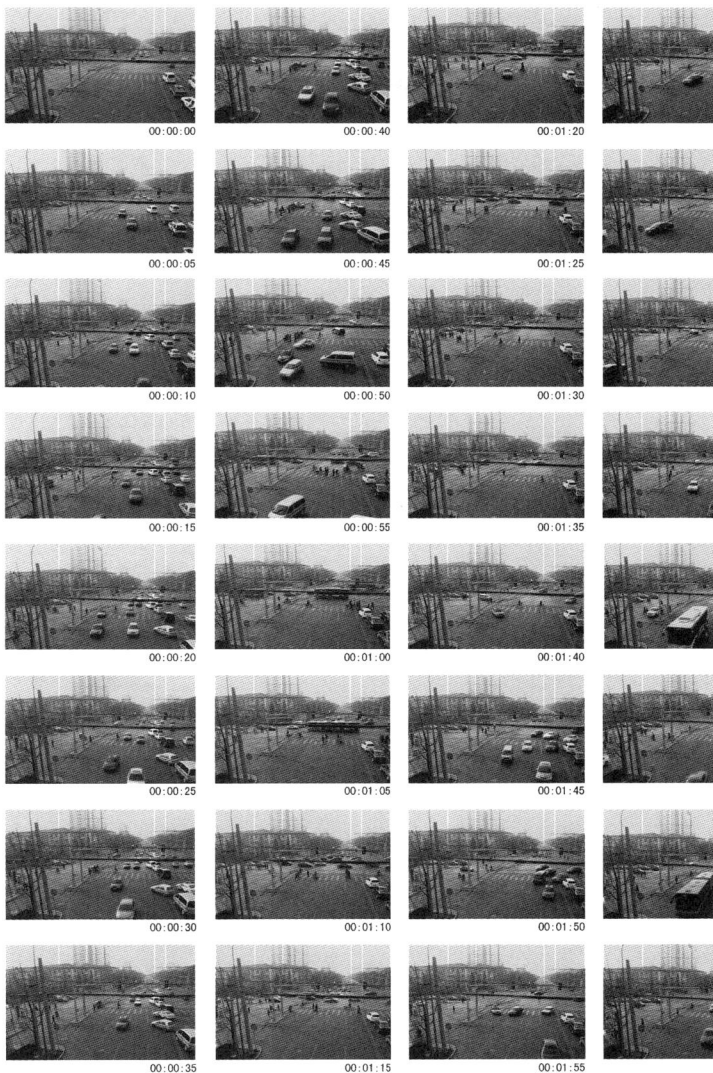

00:00:00

00:00:40

00:01:20

00:00:05

00:00:45

00:01:25

00:00:10

00:00:50

00:01:30

00:00:15

00:00:55

00:01:35

00:00:20

00:01:00

00:01:40

00:00:25

00:01:05

00:01:45

00:00:30

00:01:10

00:01:50

00:00:35

00:01:15

00:01:55

微距北京旧城

朱文一：会展经济是市场经济的重要体现之一。北京展览馆作为计划经济时期的著名展览建筑，成功地适应了改革开放以来的社会经济转型。昔日的展览大厅中摆放着琳琅满目的展柜，观者如潮。从建筑角度来看，还真有"功能追随形式"的意味。这也可以算作"形式自主"的体现吧。

调研小组：曹雩（第五组：曹雩/魏钢/刘博）

地块信息：地块位于北京市西城区，西直门外大街北侧的北京展览馆2号展厅内。

地块历史：北京展览馆建立于1954年，是毛泽东主席亲笔题字、周恩来总理主持剪彩的北京第一座大型、综合性展览馆。全馆占地20万平方米，内设展览大厅、北展剧场、莫斯科餐厅、北展宾馆、首都广告艺术公司和莫斯科餐厅食品厂。

地块景观：地块是一处室内空间，第四届北京国际金融博览会正在进行中，展现出热闹的展示和交流情景。

地块活动：根据2008年11月15日下午2:00至2:30观察，主要为单独小隔间式的企业和公司展示活动。参展企业共64家，工作人员有137人，参观人员约660人，维持现场秩序的保安人员16人。

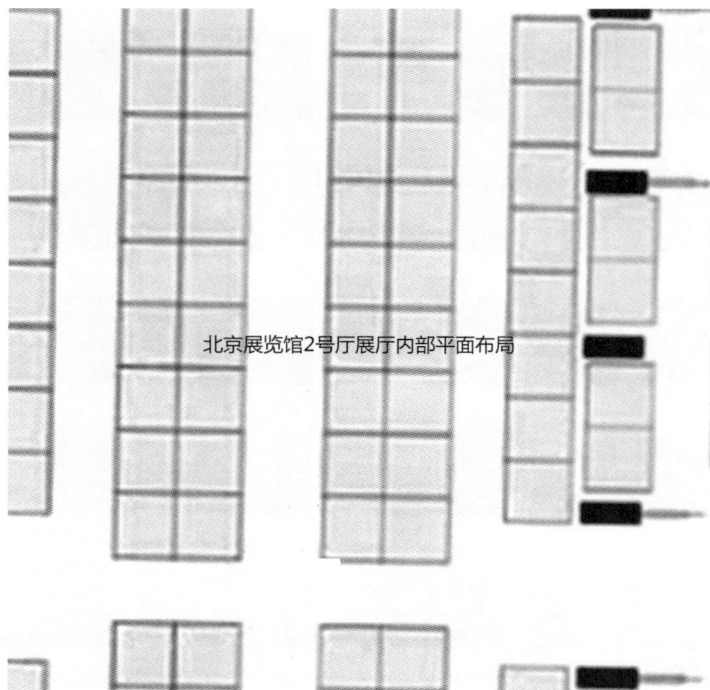

北京展览馆2号厅展厅内部平面布局

总平面图

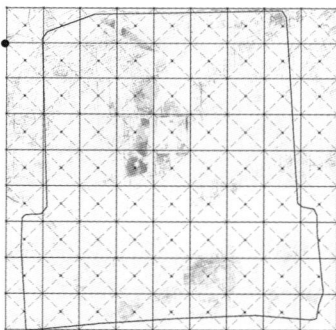

地块X1Y9区位图

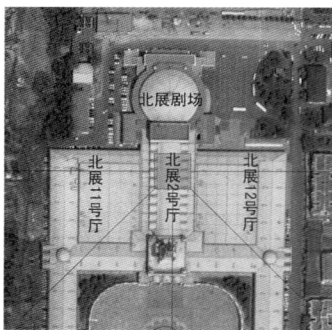

地块周围状况示意

微距北京旧城

朱文一：在今天钢筋水泥丛林的城市中，绿地公园显得弥足珍贵。大学校园尽管在用地属性上属于教育用地而非绿化用地，但因校园建筑密度低且多为低层建筑，实际上可以看成"貌似"绿地公园。

调研小组：闫晋波（第二组：罗晶/闫晋波/邱惠国）

地块信息：地块位于北京交通大学内，包括学生第四食堂和学校的留园培训中心，有客房，还有留学生食堂以及留学生公寓。

地块历史：北京交通大学作为交通大学的重要组成部分，历史渊源追溯到1896年，她的前身是清政府创办的北京铁路管理传习所，是中国第一所专门培养交通管理人才的高等学校，是中国近代铁路管理、电信教育的发祥地。

地块景观：留园培训中心南北各有两个小院子，南院有3车位小停车场，内有野牛草，北面种有大叶黄杨。

地块活动：调研期间，通过行人98人。其中，去往留园有7人，去往四食堂有8人，在南院读书有3人，路过60人，骑自行车经过20人。

地块建筑：地块建筑为砖混结构。其中，留学生公寓墙面为红灰色调，以红色为主，红瓦(灰色构造柱，坡屋顶)；留园建筑为灰砖，外挂银色金属管。

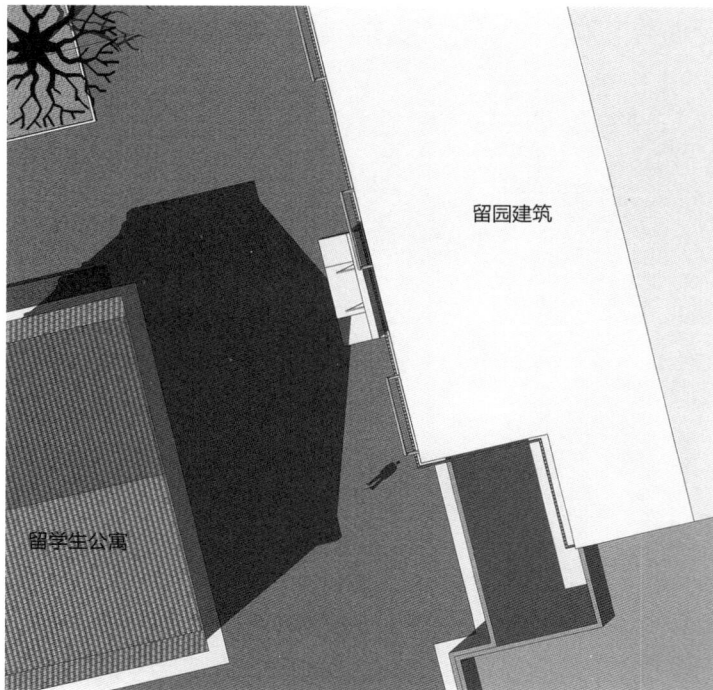

留园建筑

留学生公寓

总平面图

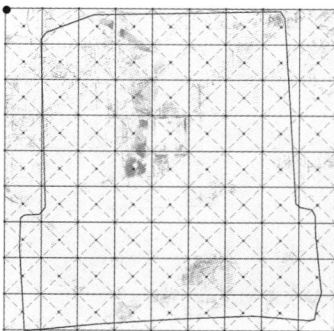

地块X1Y10区位图

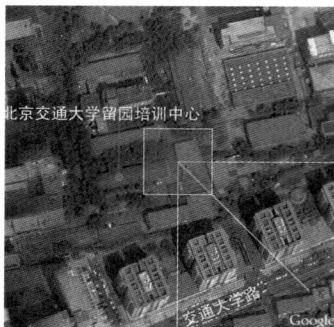

北京交通大学留园培训中心

交通大学路

地块周围状况示意

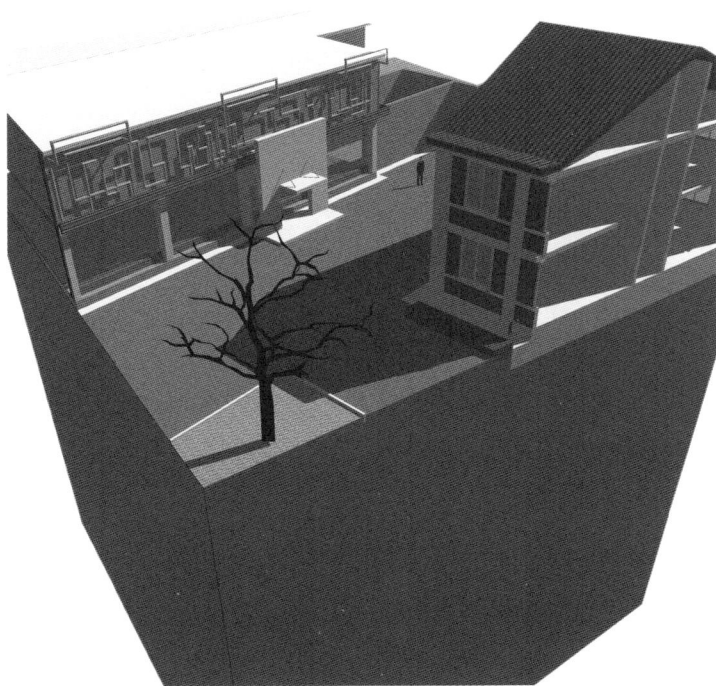

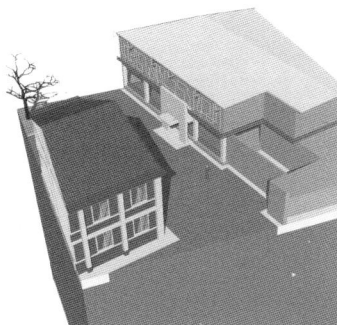

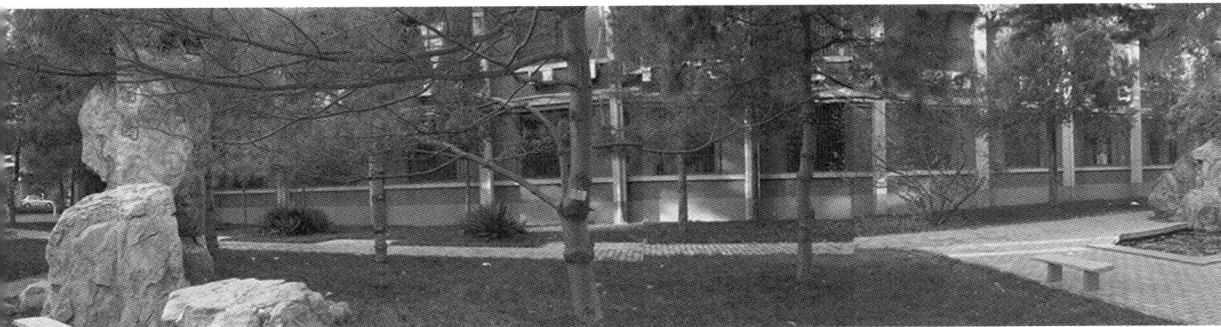

微距北京旧城

朱文一：古人早就知道"逐水而居"的规律。今天的北京城，在某种意义上已经变成一座严重缺水的城市。几百年前的北京城借水"南粮北运"，今天的北京城需水靠"南水北调"。

调研小组：康惠丹（第一组：易灵洁/安玛丽/康惠丹）

地块信息：地块位于北京宣武区，北京西护城河，属于北京内城护城河西便门水闸向南至左安门的西护城河中一段，地块西端为丰宣公园，公园中道路可供机动车行驶。

地块景观：地块内有三棵垂柳，胸径约30公分，树冠直径约6米。护城河水清澈，环境宁静宜人。

地块活动：根据2008年11月20日下午2:15至2:50观察，地块内通过行人31人，机动车6辆，自行车12辆。其中1人遛狗，狗为小型雪纳瑞；1人打手机，河畔散步者有24人为中老年人。机动车中有警车一辆。

地块建筑：地块内部为护城河与堤岸，其中堤岸为硬质铺装，主要使用水泥砖铺砌。

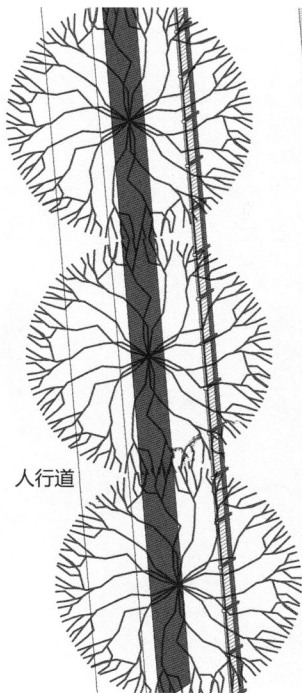

西护城河

人行道

总平面图

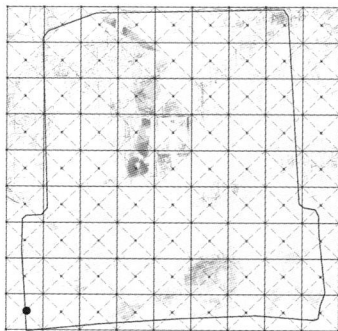

地块X1'Y1'区位图

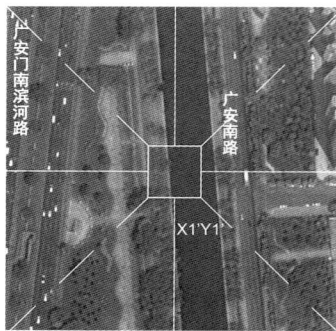

广安门南滨河路
广安南路
X1'Y1

地块周围状况示意

微距北京旧城

朱文一：带隔离栏杆的开敞空间指的是只能看而不能体验的绿地或广场。它不具有公共性，因为人们无法进入这样的空间。一座为人民服务的城市，需要更多的公共空间。对于地块X1'Y3'来说，最简单的办法是拆除隔离栏杆，它就会变成公共空间。但实际上，拆除物质栏杆易，消除心理隔离难。

调研小组：魏钢（第五组：曹雩/魏钢/刘博）

地块信息：地块位于北京宣武区广安门北街通过二环的辅路，为道路和绿化。路宽8米，北侧有宽3米的人行道以及街头公园绿化景观，之间有栏杆隔开。地块西侧为护城河。

地块景观：街头公园绿化带中，树种有雪松、垂柳、国槐、小叶杨。栏杆为白色铁丝网。地块内另有高约6米的小型街头雕塑一座，为螺旋式抽象造型，兼有路灯照明功能。

地块活动：根据2008年11月12日下午2:00至3:00观察，按照每20分钟观测2分钟内经过地块的人车流量，可以得知，1小时内经过人行道的行人有360人，方向为从西向东，去往核桃园附近。360人中打手机者50人、发短信者15人。辅路上的状况为，从东向西方向约有1260辆车经过，均为开往二环的车辆。

地块特色：通往二环的辅路交通压力大。街头绿地公园由于有栏杆阻挡，市民无法进入，尽管面积较大，绿化植被丰富，也只能满足市民视觉的需求。这样的街头草坪绿地是否应该让人进入，成为一个值得思考的问题。

街头公园

人行道

广 安 门 北 街

总平面图

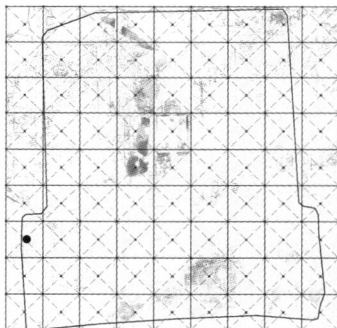

地块X1'Y3'区位图

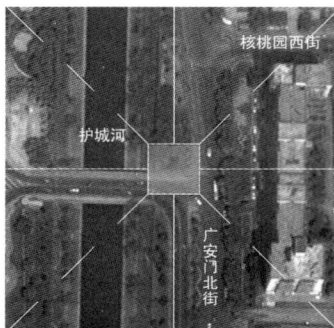

核桃园西街

护城河

广安门北街

地块周围状况示意

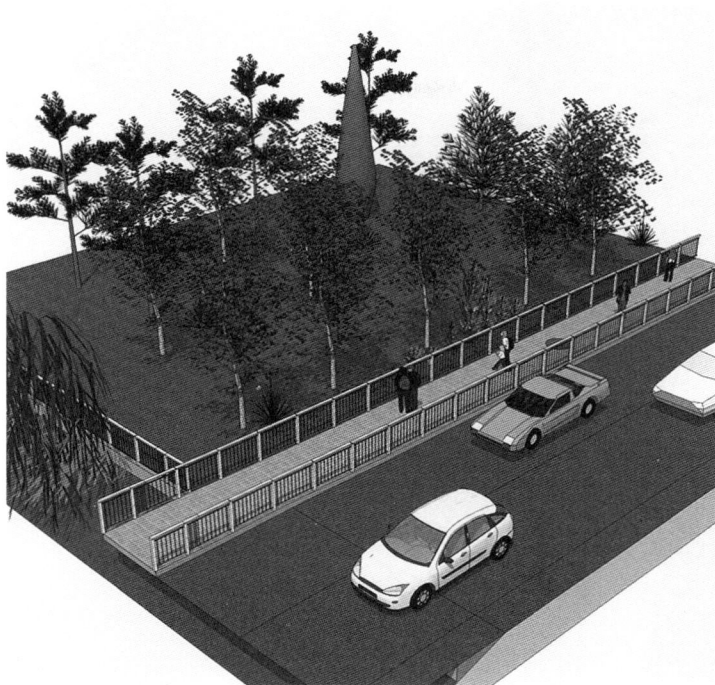

13

微距北京旧城

朱文一：城市规模再大，也是由局部小地块组成的。宏大的城市整体空间秩序再重要，也不能取代局部小地块绿地的温馨宜人。为人的设计，往往体现在小绿地空间的雅致和丰富上。这就是所谓的"小绿地大世界"。

调研小组：李华（第四组：李华/王舸/陈国民/黄瑞林）

地块信息：地块位于北京西城区，广安门北滨河路南侧。地块位于旧城外，是广电总局西便门小区的边缘绿地。

地块景观：地块内机动车出口处有一棵杨柳，胸径约70厘米，树高约12米，树冠直径约10米。另外还有三棵油松和两棵栾树。小区出入口处有金银木和栾树。院内有18棵金银木。冬天，树木只剩下树干上鲜红的小果实串，落叶满地，景色宜人。人行道旁有9棵栾树，树冠直径约10米，树高10米。住宅楼入口处停放了47辆自行车、9辆三轮车和1辆摩托车。由于无序停放，这些车辆成为人行道的一大阻碍。

地块活动：小区内由于斜坡道等无障碍设施齐全，老人到户外活动的人数较多。根据2008年11月18日下午2:30至2:50观察，在地块内活动的老年人有6人，其中一位老妇坐在轮椅上；外出的中年人有4人。

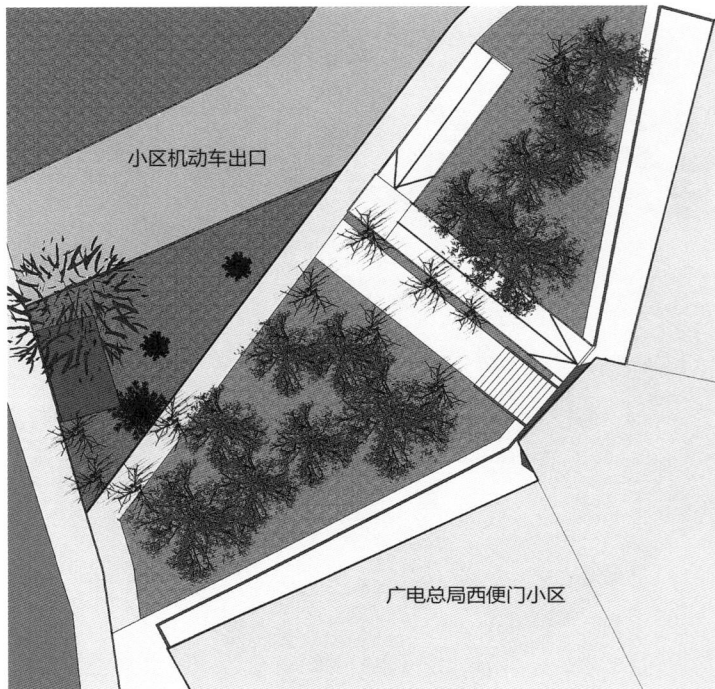

总平面图

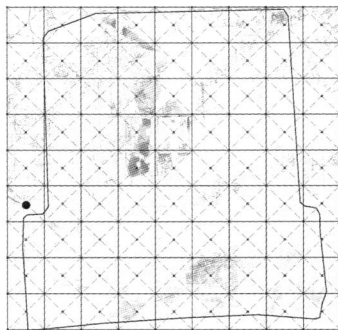

地块X1'Y4'区位图

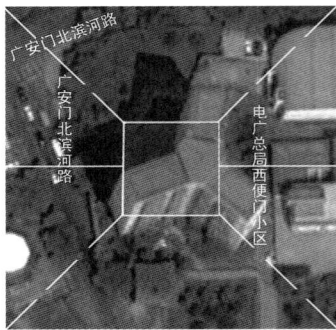

地块周围状况示意

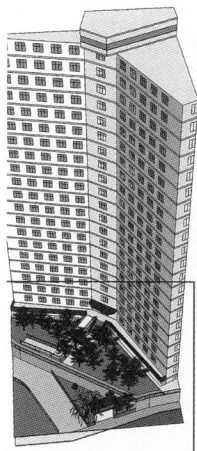

金银木（Lonicera maackii，别名：金银忍冬）

栾树（Koelreuteria paniculata Laxm，别名：大夫树）

油松树（Pinus tabulaeformis Carr.，别名：红皮松、短叶松）

杨柳树（Salix babyllonica，别名：水柳、垂杨柳、清明柳）

微距北京旧城

朱文一：一块空地，在城市高密度的中心地区中如同呼吸机一样，成为人们的"喘息"之地。悲剧的是，自从进入汽车时代，类似地块X1'Y5'这样的空地越来越多地沦为汽车的"养身"之地。"车吃人"也算不上新闻了。

调研小组：金世中（第七组：郭晓盼/金世中/黄文镐/姚涵）

地块信息：地块位于北京西城区，南礼士路头条3号，中国国际商会北京商会、中国国际贸易促进委员会北京分会。地块内西南边一部分是楼房。另外部分是停车场。

地块景观：在地块内南侧楼门口旁边有小绿地，有四颗小树。地块四周有二层(西侧)和四层高的建筑围绕，主要为27个车位的停车场。

地块活动：根据2008年12月21日下午2:25至2:55观察，地块中有车辆7部，没有人活动。

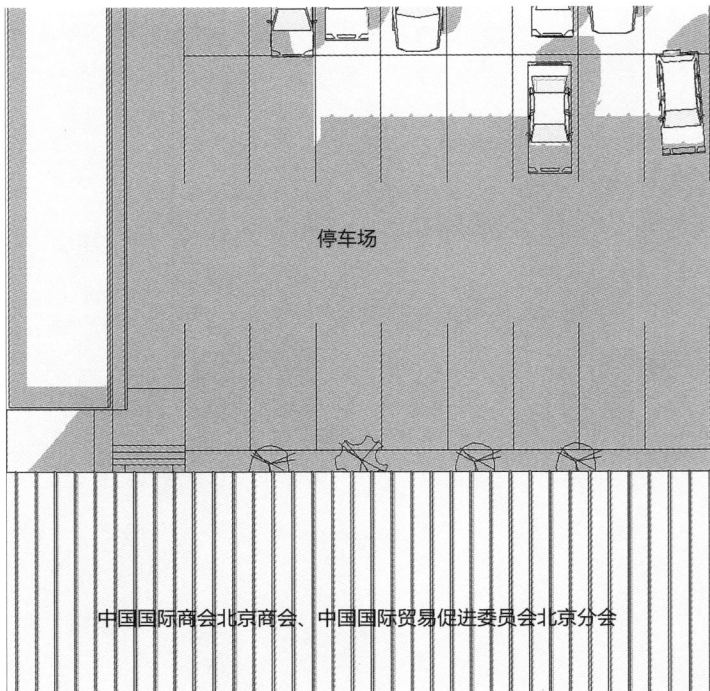

停车场

中国国际商会北京商会、中国国际贸易促进委员会北京分会

总平面图

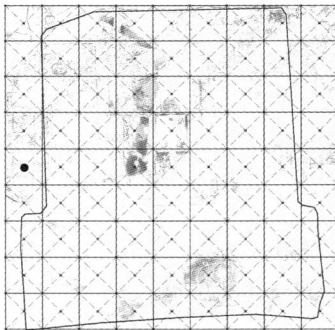

地块X1'Y5'区位图

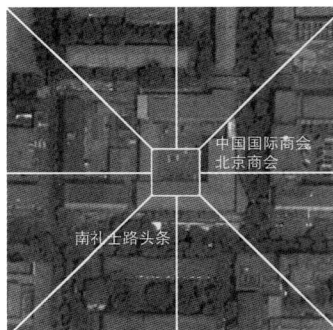

地块周围状况示意

微距北京旧城

朱文一：街道、广场等城市空间要素比建筑更能体现城市的品质。一条尺度宜人、树木成荫的街道比其两旁的建筑往往给人留下更为深刻、美好的印象。地块X1'Y6'中的街道是北京城为数不多的魅力街道之一，堪称街道空间决定城市品质的范例。

调研小组：闫晋波（第二组：罗晶/闫晋波/邱惠国）

地块信息：地块位于西城区月坛北街上，覆盖了社区级道路的一部分。道路为四块板，机动车4车道，路宽12米，绿化带隔开非机动车道。非机动车道兼做停车使用。两侧人行道宽4米，绿化状况良好，绿地率达28.2%，绿化覆盖率约为48.5%。行道槐树树冠直径约5米，即使在寒冬，依然可以看到绿色。

地块景观：道路绿化依次为隔离带、行道树和建筑前绿化三个层次，树种多样且精心修剪，并有四季常青的种植效果。铺地为粉色瓷砖，并且设有盲道。主要绿化树木包括：小叶黄杨、侧柏、槐树、金银木、连翘、早熟禾。

地块活动：地块周围为居住区，修建年代为20世纪五六十年代。地块为交通空间，调研期间内活动的行人总数为37人，其中，交谈的人有1男2女，遛狗的有1女，打电话的有3男1女，路过的有17男，12女。地块内停车3辆，经过自行车65辆，公交车2辆，行驶机动车94辆。

地块建筑：地块内建筑包括沿街一层店面的一部分。店面过去为捷安特自行车的销售部，现在空置。

地块氛围：地块人行道、自行车道和机动车道尺度宜人，营造了宁静安逸的氛围。

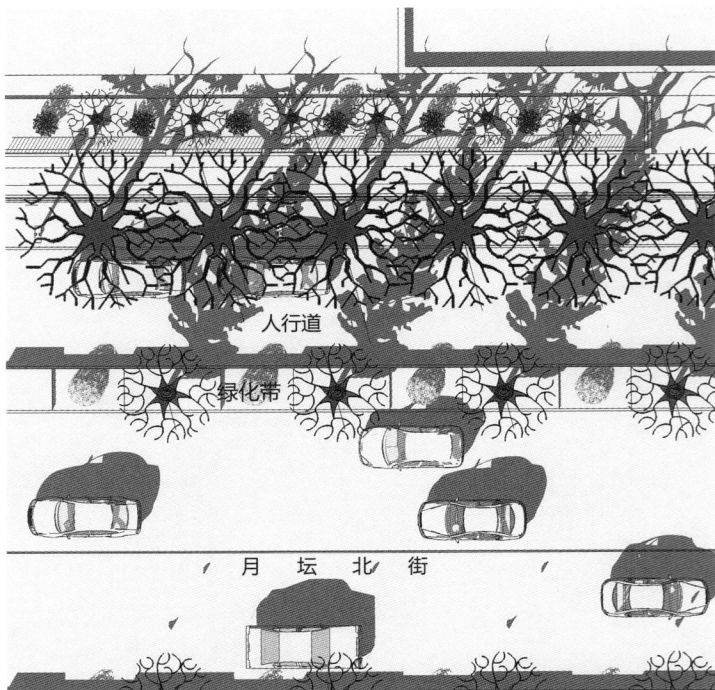
人行道
绿化带
月坛北街
总平面图

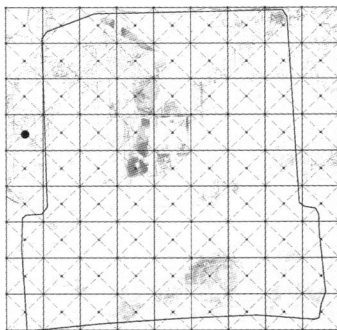
地块X1'Y6'区位图

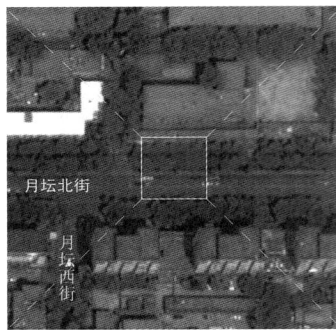
月坛北街
月坛西街
地块周围状况示意

微距北京旧城

朱文一：国民体质的强弱关系到国家和民族的未来。新中国成立以来，国家特别倡导普及群众体育活动来增强国民体质。但对于城市中心地区的市民来说，群众体育活动的场所逐渐被蚕食。地块X1'Y7'中的篮球场变成了机动车停车场，"发展体育运动、增强人民体质"成了名副其实的"口号"。

调研小组：石炀（第六组：刘利/石炀/潘睿）

地块信息：地块位于北京市西城区百万庄大街和北营房中街的交叉口处，地块内有中国人民解放军二二零七军工厂大门和建筑，厂名由舒同题写。目前改制为北京市凌奇印刷有限公司。

地块景观：地块内有七棵相对较小的树和一棵比较大的国槐，另外道路两旁有绿化带。道路两旁分别为自行车和机动车的停车空间。从保留的隔离网可以看出，机动车停车占用了原来的篮球场。

地块活动：根据下午1:00至3:00观察，小区内进入7人，有职工4人，外来人员2人，管理员1人；外出3人，有职工2人，管理员1人。地块内主要是职工活动。

地块建筑：地块内的主要建筑是两层的大门和六层办公楼，保安制度完善。

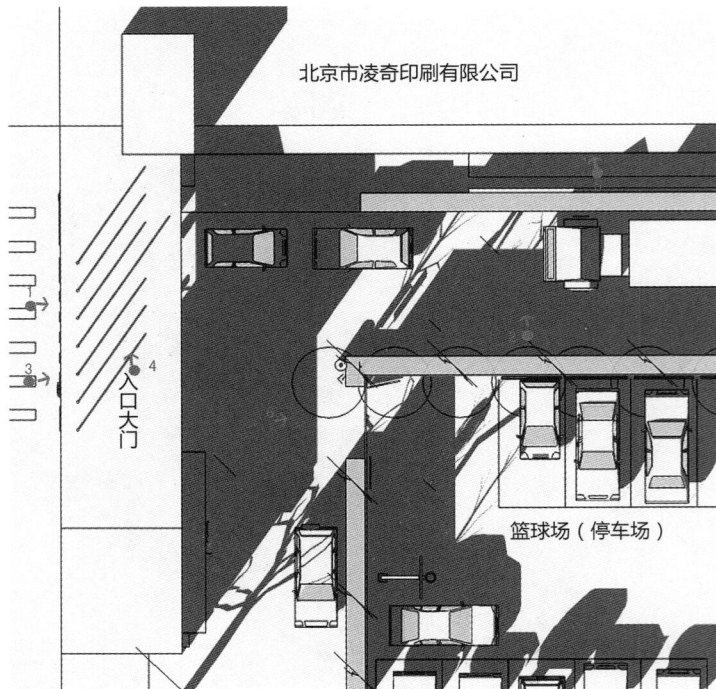

北京市凌奇印刷有限公司

入口大门

篮球场（停车场）

总平面图

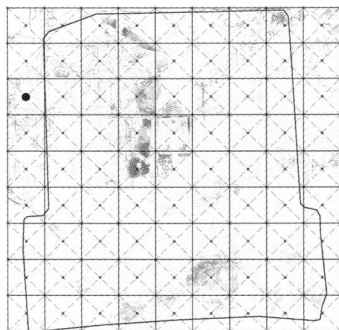

地块X1'Y7'区位图

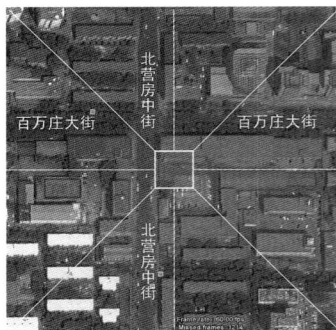

百万庄大街　北营房中街　百万庄大街

北营房中街

地块周围状况示意

20

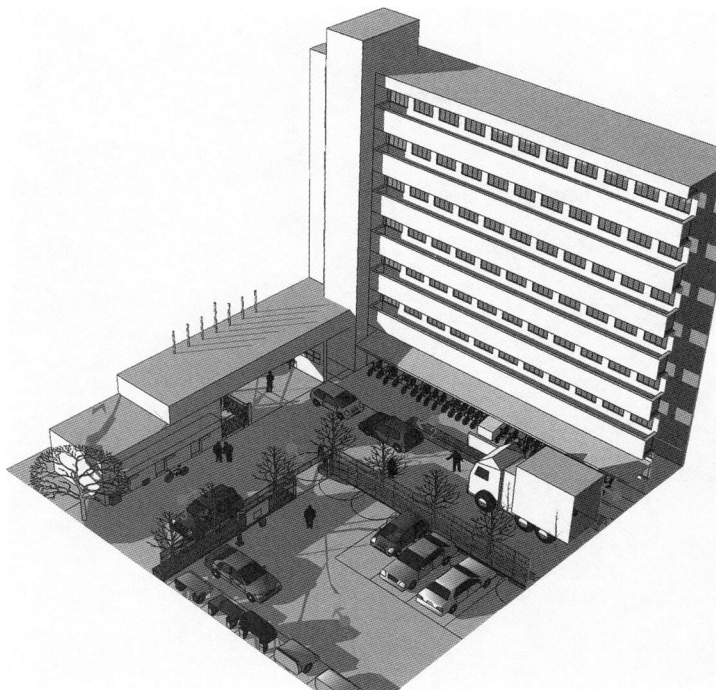

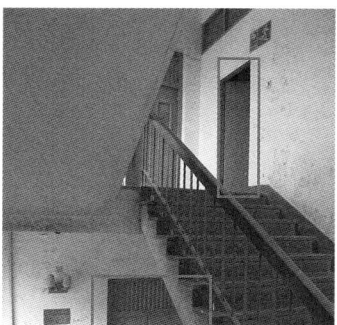

微距北京旧城

朱文一：校园在人们的印象中应该如幽静的园林般远离尘世，所谓一方"静土"。处于城市中心地区的学校，其校园很难达到"静土"的理想。地块X1'Y8'中的名校课室楼紧贴道路，朗朗读书声淹没在城市车水马龙的喧嚣之中。

调研小组：陈国民（第四组：李华/王舸/陈国民/黄瑞林）

地块信息：地块位于北京西城区，介于西直门外南路和车公庄北街的交汇处，处在西城区外国语学校的北侧。

地块历史：北京市西城外国语学校创建于1989年，是一所具有鲜明外语特色的市级重点完全中学，北京市首批体制改革试点校、北京市示范性高中校，先后被认定为北京市奥林匹克外语学校、北京市科技教育示范校、北京市艺术教育示范校、联合国教科文组织在中国的"EPD"教育实验校。

地块景观：地块内有三棵乔木，为国槐。

地块活动：根据2008年11月28日下午2:05至3:15观察，地块中活动总人数约35人，通过行人约534人，20分钟内经过自行车39辆，机动车141辆。

地块建筑：地块内唯一的建筑是四层高的西城区外国语学校教学楼和其北侧的自行车停车房。

总平面图

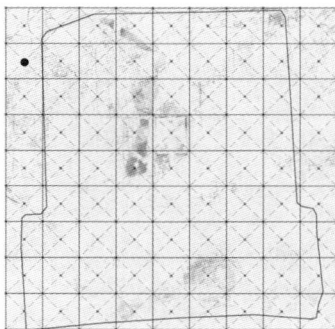

地块X1'Y8'区位图

地块周围状况示意

远离“静土”的课室楼

X1'Y8'

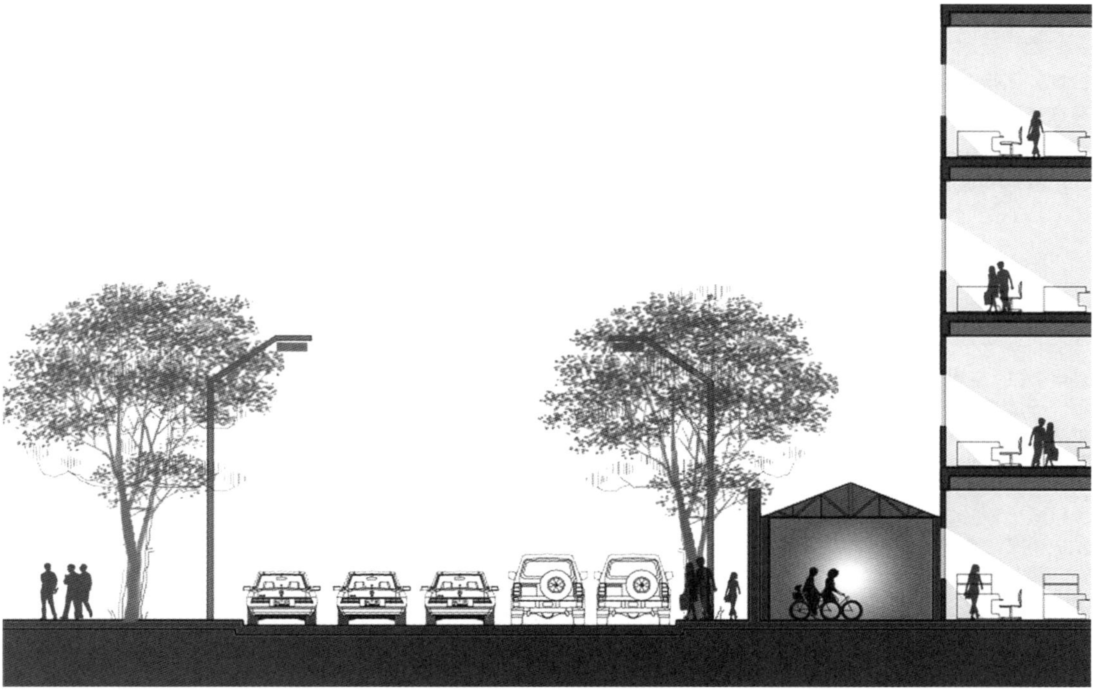

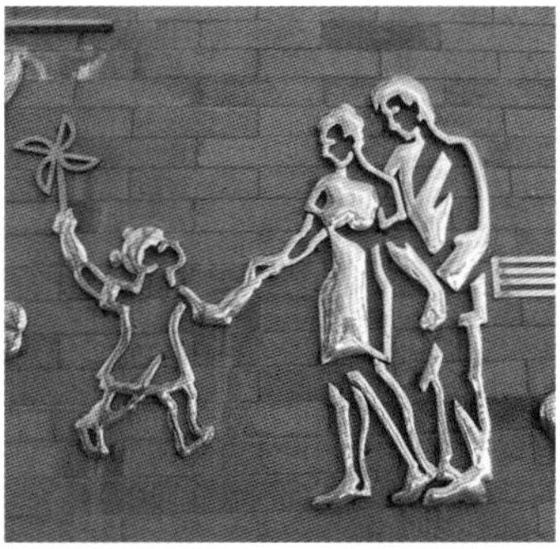

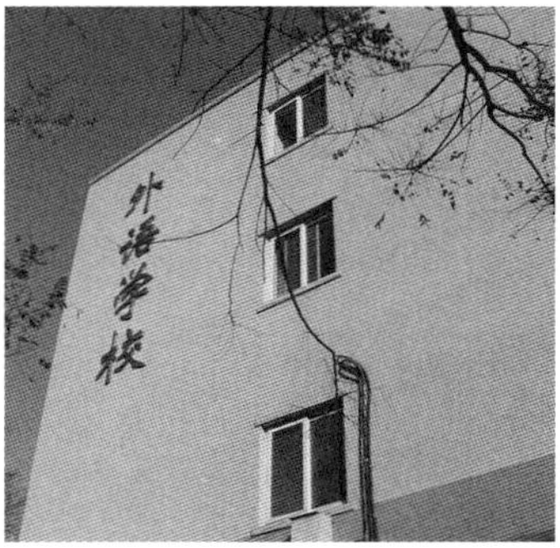

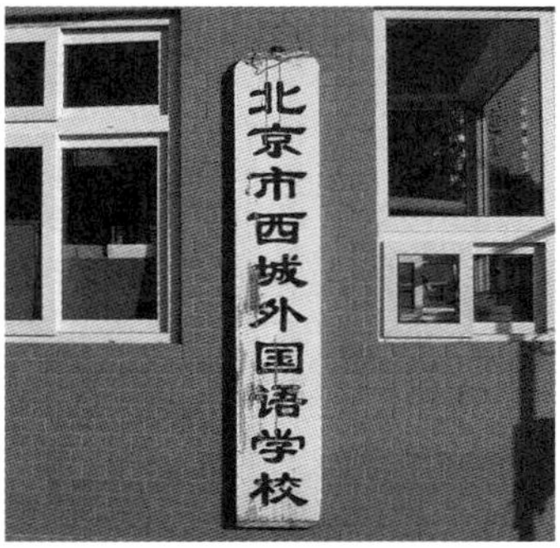

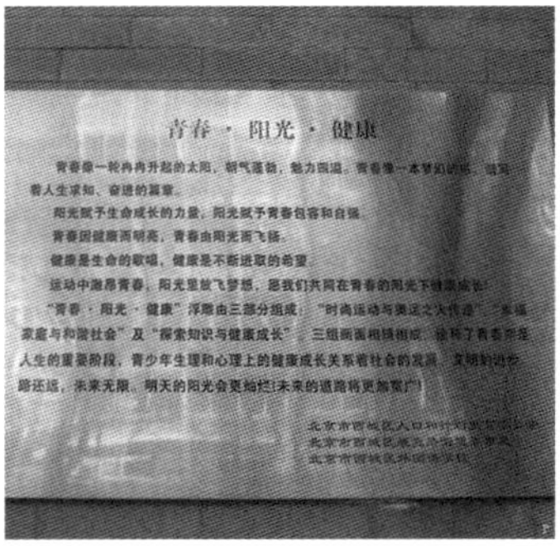

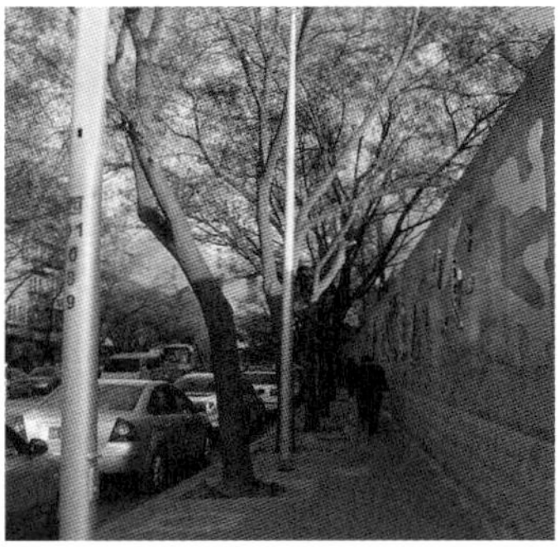

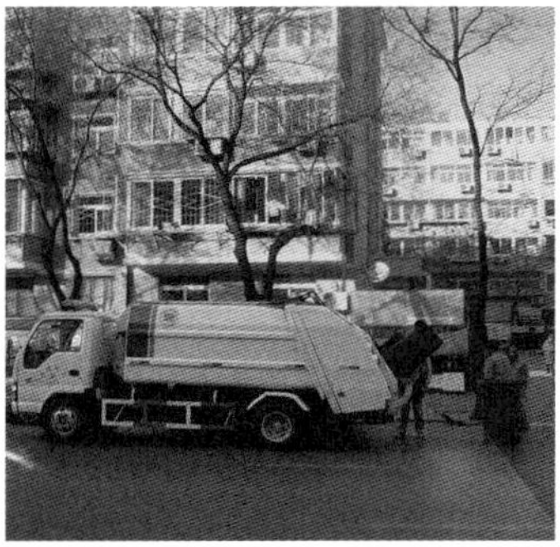

微距北京旧城

朱文一：城市中有不少空地，可以称之为"废地"，即没有归属感的空地。这样的"废地"在城区中的存在，哪怕是暂时性存在，也是对寸土寸金的嘲讽、对周边社区的漠视、对城市绿肺的反对。

调研小组：李煜（第三组：李煜/史夏瑶/钟庆发）

地块信息：地块位于北京海淀区交大东路41号，交大东路西侧。地块内部为广通苑小区入口处停车场和部分交大东路及人行道。

地块景观：地块内可停放车辆22辆，有井盖7个，阅报栏一个，杨树4棵以及门口岗亭一个。

地块活动：地块内只有以下三种人的活动：一是散发"预防煤气中毒小常识"传单的居委会大爷；二是在小区门口休息的两位民工；三是调研者。

地块特色：地块作为城市与小区的连接处，打破了连续的城市界面，成为一片"废地"。作为临时停车场，地块"人迹罕至"。只有散发"预防煤气中毒小常识"传单的几位居委会老大爷细心地向我们讲解在此处租房的注意事项。也许这就是"停车场上的邻里"吧。

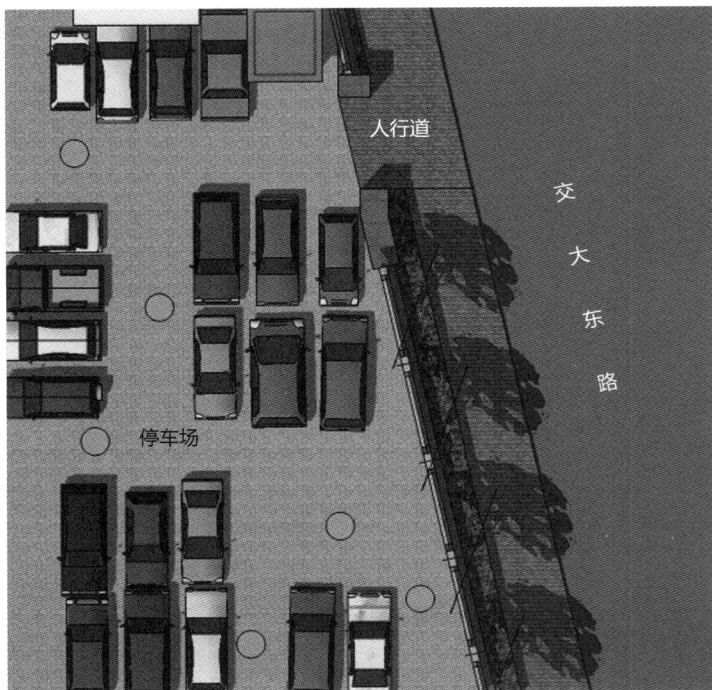

总平面图

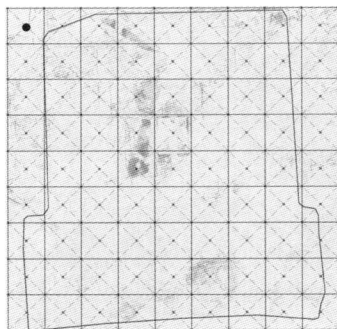

地块X1'Y9'区位图

地块周围状况示意

致房屋出租人、承

租人、承租人：您好！

一年一度的取暖即将来临。在此，

届，使用煤火取暖时，请注意预防

预防煤气中毒事故是千家万户的一

工作，避免悲剧的发生，我们请求

一、在安装炉具（含土暖气）时，

蚀、锈蚀、漏气等问题，要及时

二、烟筒接口处要顺茬接牢（粗

查烟道是否畅通，有无堵塞物，

三、屋内务必安装风斗，要经常

清理。

四、每天晚上睡觉前务必检查炉

否打开。

预防煤气中毒小常识

用不合格炉具。

具时要检查炉具是否完好，烟筒接

破损、锈蚀、漏气等问题，要及时

煤炉具的房间必须安装风斗。要经

持通风。

检查烟道是否堵塞，做到及时清理

上睡觉前要检查炉火是否封好，炉

开。

室内用明火取暖。

有人煤气中毒时，不要惊慌，要尽

中毒者盖好被子抬到空气流通处，并

，将患者送往医院进行抢救。

微距北京旧城

朱文一：北京的胡同承载着老北京的记忆。胡同有很多类型，有宽的、有窄的，有长的、有短的，有著名的、有普通的，等等。地块X2Y2中展示了一条另类的胡同，布满钢架的、富于浓郁生活气息的胡同，所谓"钢架"胡同。

调研小组：康惠丹（第一组：易灵洁/安玛丽/康惠丹）

地块信息：地块位于北京市宣武区，白纸坊西街以北白纸坊南里，主要为沿街商铺和民居。

地块景观：地块内有三棵乔木，其中两棵为毛白杨行道树，胸径约30厘米，树冠直径约6米。一棵为国槐，位于民居旁，胸径约30厘米，树冠直径约5米。行道树高大茂盛，形成良好的人行道绿荫。地块内白纸坊南里段基本为北京坡屋顶民房，临时搭建比较杂乱，巷道中堆放各种生活杂物，晾晒被褥衣服，停放自行车和三轮车，环境比较拥挤凌乱。胡同生活由于民居建筑面积严重不足，储藏空间被放到室外，导致胡同中堆放了蜂窝煤、冬储大白菜等各种杂物。在高密度的民居建筑内，居室的光照、通风条件非常恶劣，衣服和被褥等也只能在胡同公共通道中晾晒。地块内的胡同还有很多钢架连接胡同两侧的民居建筑，形成了富有韵律的胡同景观。

地块活动：根据2008年12月11日下午2:15至2:50观察，地块内通过行人15人，民居外活动居民5人。其中3人晾晒被子，一人扫地，一人泼水，5人均为老人。

地块建筑：地块内人行道铺装10厘米×10厘米灰色水泥小方砖，白纸坊南里20厘米×20厘米灰色地砖。沿白纸坊南里为硬山屋顶红砖民居，以及部分私自搭建的砖砌附加小屋，沿路为平屋顶一层商铺。

26

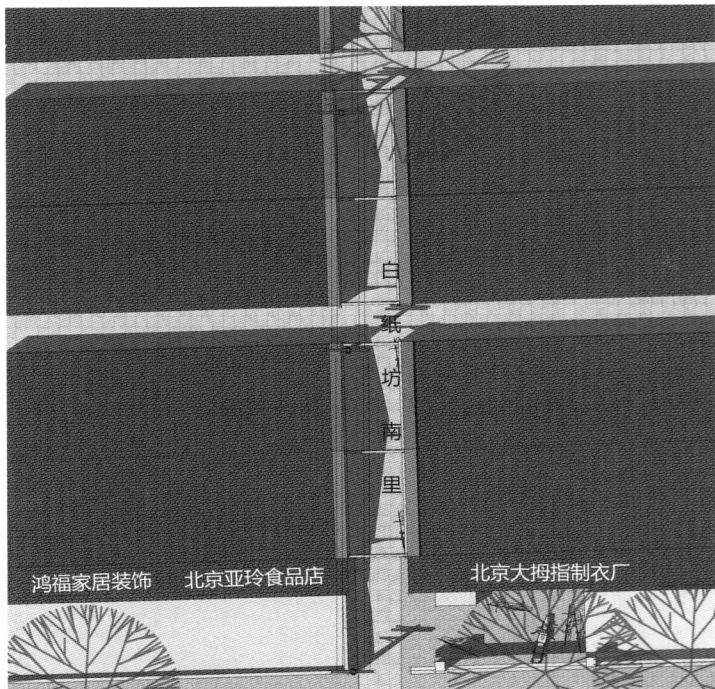

鸿福家居装饰　北京亚玲食品店　　　北京大拇指制衣厂

总平面图

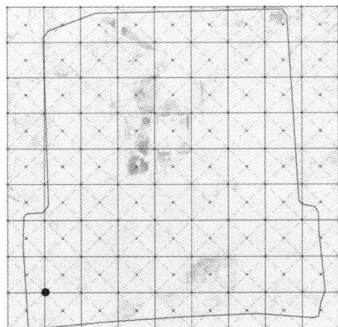

地块X2Y2区位图

白纸坊南里　白纸坊胡同　白纸坊西街

地块周围状况示意

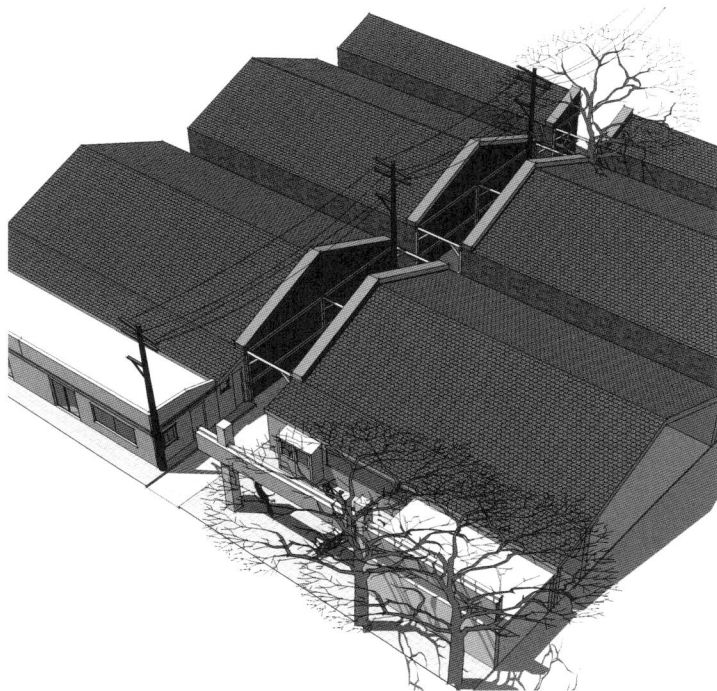

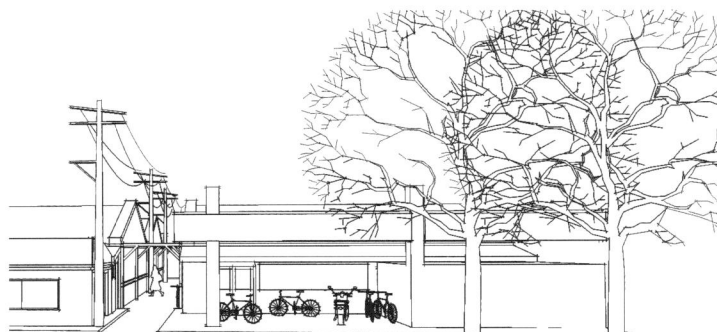

微距北京旧城

朱文一：北京市的市树是柏树和槐树。今天的北京城中，道路名称中含有两种市树的槐柏树街，得名于传说中的一棵老槐和两棵柏树。地块X2Y4中槐柏树街上槐树成荫，街道宜人。这里也许是体验北京市树的最佳场所吧。

调研小组：黄瑞林（第四组：李华/王舸/陈国民/黄瑞林）

地块信息：地块位于北京宣武区，宣武门西大街南侧，槐柏树街的正中央。它位于旧城的边缘地带，现今槐柏树街道路旁都盖了住宅楼。地块内街道有药房和国务院国有资产监督管理委员会接待室。

地块景观：地块位于槐柏树街中央。街道两旁的国槐胸径在70厘米以上，树高约12米，树冠直径约10米。国槐是北京城街道常用的行道树种。槐柏街上国槐的树冠完全遮蔽，形成了凉爽舒适的街道空间。

地块活动：根据2008年11月28日下午3:30至3:45观察，地块内通过机动车和非机动车共109辆。其中，私家车24辆，出租车20辆，小货车3辆，摩托车2辆，三轮车12辆，自行车48辆。在人行道上，15分钟内有62人经过。虽然离繁忙的市区很近，但这条路还保留了住区的亲切尺度和悠闲的气息，路旁可看到居民驻足聊天。槐柏树街有两条东西方向的机动车道，还有一条机动车道用于停车，但没有自行车专用车道。这导致自行车和机动车混行，影响骑自行车人的安全。

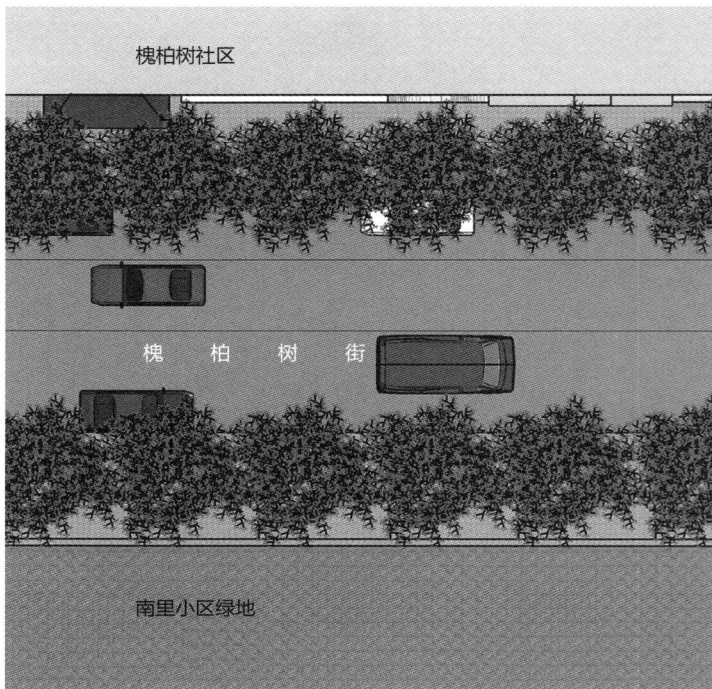

总平面图

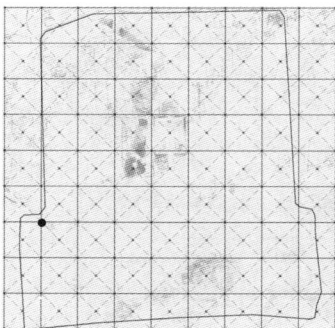

地块X2Y4区位图

地块周围状况示意

收费标准
白天(7:00--21:00)
小型车：1元/半小时
大型车：2元/半小时
夜间(21:00--7:00)
小型车：1元/2小时
大型车：2元/2小时
监督电话：010-88378541/2
价格举报电话：12358
JT-1

脑梗·脑血栓·心梗·心脏供血不足·头晕头痛·失眠·过敏性鼻炎
欢迎大家参加
时间 上午9:00—下午4:00
地址 广惠康药房
2008.11.18

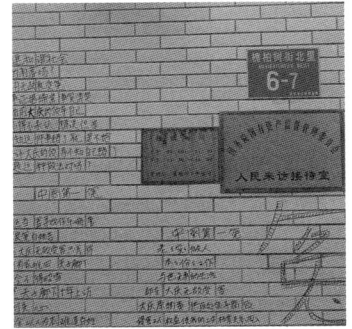

微距北京旧城

朱文一：在正确的时间、正确的地方，做了正确的决策，事情就成了一大半。这对空间设计同样适用。在地块X2Y5中，可以看出设计师费了很多心思，做了细致的设计，结果却令人失望。这也许是甲方拍脑袋做的决策，但设计师也应该从甲方的角度思考问题。这样也许能避免在绿地如此缺乏的旧城中做出悲催设计。

调研小组：黄文镐（第七组：郭晓盼/金世中/黄文镐/姚涵）

地块信息：地块位于北京宣武区，西二环的西侧从复兴门立交桥西南面，靠近国家广播总局的东侧。地块属于顺城公园，内有圆径十五米的小舞台。

地块景观：地块内有三种植物，其中有两棵黄杨，三棵国槐，七棵油松。

地块活动：根据2008年11月27日下午2:10至3:30观察，地块里几乎没有人活动，只有一位清洁工在打扫地面。公园处于城市主干道和高楼之间，往往定位不清晰，导致使用效率低。

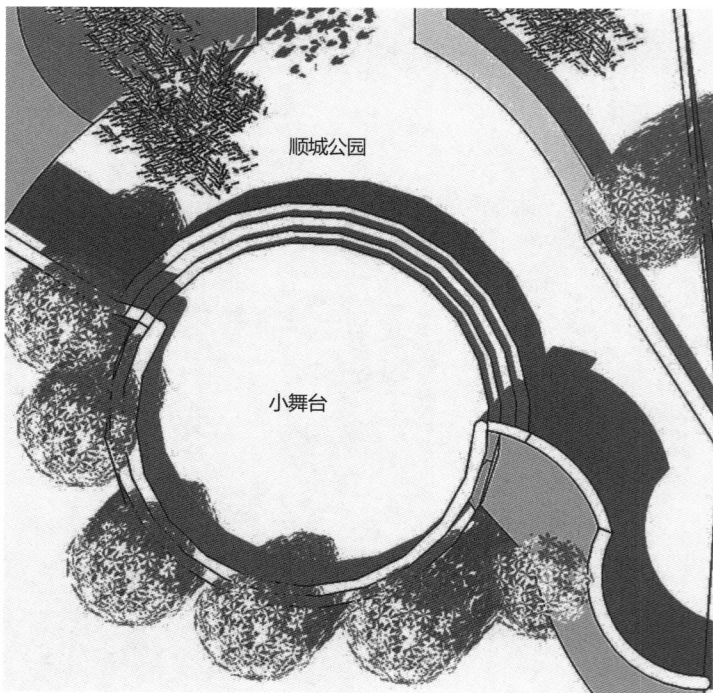

顺城公园

小舞台

总平面图

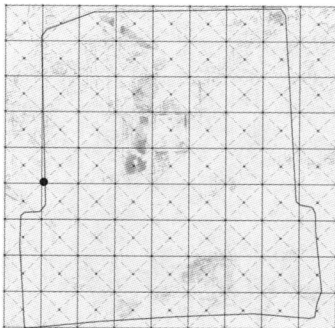

地块X2Y5区位图

地块周围状况示意

微距北京旧城

朱文一：城市是文化记忆的载体，所谓城市记忆。今天，进入现代化建设轨道上的城市，无一例外地出现了"城市失忆"，也就是切断历史文化的现象。尽管地块X2Y6地处西二环旁，但丝毫感觉不到这里曾是北京旧城西城墙根。如果结合人行道等公共空间设置历史文化提示牌，从点滴做起，也许可以恢复部分城市记忆。

调研小组：曹雪（第五组：曹雪/魏钢/刘博）
地块信息：地块位于北京西城区月坛南街东口。东方亿通大厦等商业建筑位于地块北侧，底层为肯德基快餐店。建筑和道路之间有绿化带隔离。
地块景观：12米的绿化带上有白杨、华山松、小叶杨、侧柏等。行道树为国槐。
地块活动：根据2008年11月19日下午2:00至3:00观察，每20分钟观测2分钟内经过地块的人车流量，以一小时计，有450人在东侧人行道经过。其中有60人在打手机、13人在发短信。肯德基快餐店内，靠窗的8个二人桌，一小时内就餐客人为85人，其中35人在打手机，47人在发短信。地块内道路上，从东向西方向，有210辆车经过，远少于从西向东方向的车流。
地块特色：地块内写字楼建筑底层为肯德基，上面为东方亿通证券公司。建筑立面为浅米色石材贴面，同时采用仿欧风格的三段式立面结构，同时又有适度的改良。整个立面效果基本做到和谐和大气，没有过浓的商业色彩而显得比较低调，不过始终缺少一部分北京的城市建筑性格。

32

总平面图

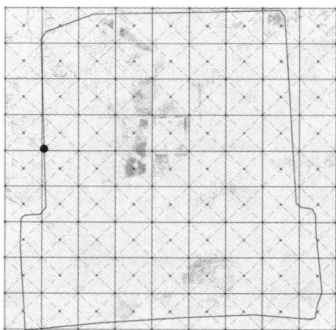

地块X2Y6区位图

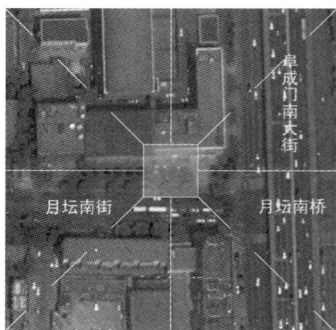

地块周围状况示意

微距北京旧城

朱文一：1974年10月，复兴门立交桥建成。这是北京乃至中国第一座现代城市意义上的立交桥。改革开放后，立交桥席卷整个中国城乡地域，可谓"江山如此多'交'"。在城市中心地区，立交桥大规模聚集钢筋水泥；其功能从疏解交通走向其反面，变成了交通阻塞示范区。真可谓"食之无味，弃之可惜"。

调研小组：魏钢（第五组：曹雯/魏钢/刘博）

地块信息：地块位于北京西城区阜成门立交桥西南段，为道路和绿化，两侧各有大面积的绿地。

地块景观：东侧4米绿化带中有白杨、华北落叶松、国槐和小叶杨四种树木。周围有绿白色铸铁栏杆。西侧9米绿化带中有垂柳、雪松、桃树、小叶杨。周围有深绿色铸铁栏杆。交通道路用地部分，为通往阜成门立交桥的辅路路段，路宽15米，另东西两侧各有宽3米的人行道。绿化用地部分，为辅路东西两侧的绿化，东侧绿化隔开万通新世界大厦和辅路，绿化宽度约为4米，西侧绿化为阜成门立交桥环岛绿化，宽度约为9米。

地块活动：根据2008年11月13日下午2:00至3:00观察，每20分钟观测2分钟内经过的人车流量，可知一小时内，东侧人行道经过510人，多为从南向北方向，去往阜成门附近。其中，80人打手机、20人发短信。在西侧人行道经过60人左右，其中10人打手机、2人发短信，多是绕行至二环的行人。数量明显少于东侧人行道。道路上，从北向南方向，有930辆车经过；从南向北方向，有210辆车经过。

地块特色：地块为城市主干道，处在阜成门这一交通繁忙地区，交通压力较大。作为通往二环的匝道，形成车辆"排队上二环"的场景，由此可以一窥北京交通拥堵的一面。

总平面图

阜成门立交桥辅路

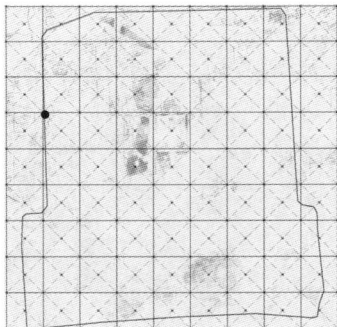
地块X2Y7区位图

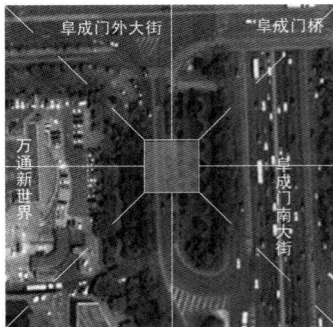
地块周围状况示意

阜成门外大街　阜成门桥

万通新世界

阜成门南大街

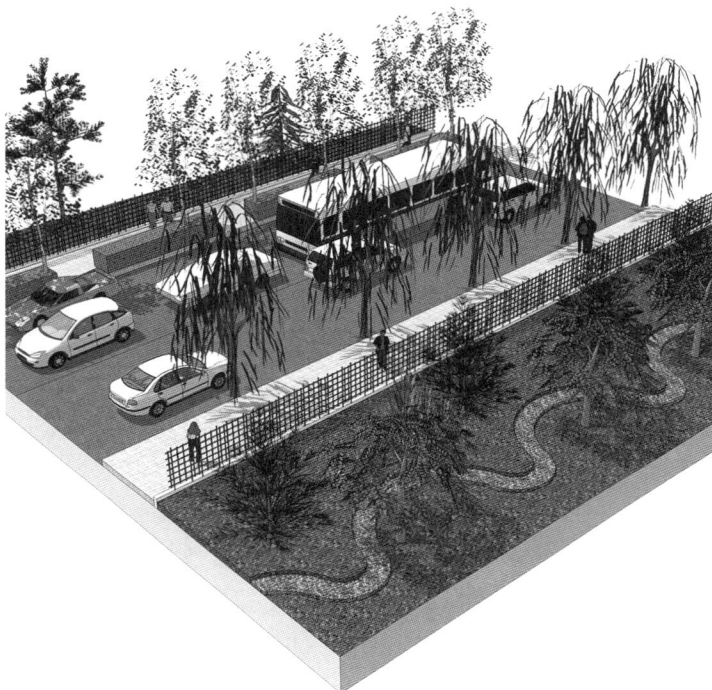

微距北京旧城

朱文一：大马路、高架路是城市进入汽车时代的象征。高速行驶的车流将城市分割为一片片孤立的区域，整体的城市空间从此消失。地块X2Y8所处的西二环是北京交通堵塞最严重的路段之一，恐怕也是PM2.5值最高的地区之一。由此形成的二环内外的空间阻隔也许比有城墙在的时候还要大。

调研小组：闫晋波（第二组：罗晶/闫晋波/邱惠国）

地块信息：地块位于西城区，西二环和车公庄大街相交汇的十字路口，主要为西二环立交桥道路。附近建筑包括运通维景国际大酒店、梅兰芳剧院、车公庄地铁站及北京市公安局公安交通管理局。

地块景观：地块中道路包括斑马线、交通灯等景观。

地块活动：根据调研，可以估算出每小时交通流量：东西向行人为3150人，东西向自行车有3872辆，桥上机动车有7200辆，桥下机动车有900辆以及静止停放的警车17辆。地块桥上为西二环高架桥出口，桥下为公安交管局的停车场，主体为混凝土结构，最大跨度30米。地块内交通拥堵，环境杂乱。约占20%左右的东西向行人为出入车公庄地铁站的行人。机动车行驶缓慢，平均时速15～18km/h。汽车通过量大，造成尾气污染。自行车行驶正常，平均时速9～12km/h。

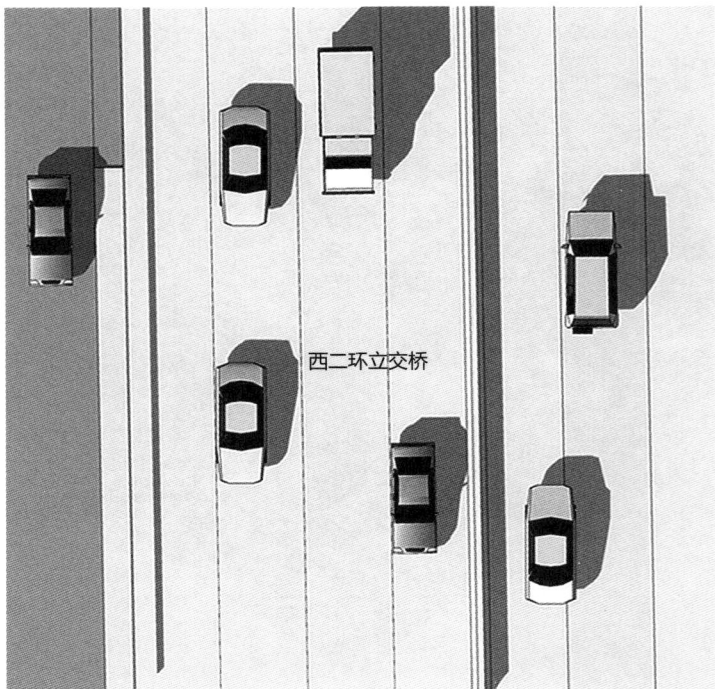

西二环立交桥

总平面图

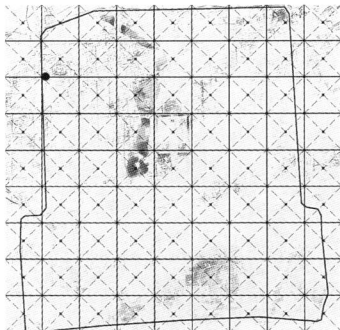

地块X2Y8区位图

详细区位图

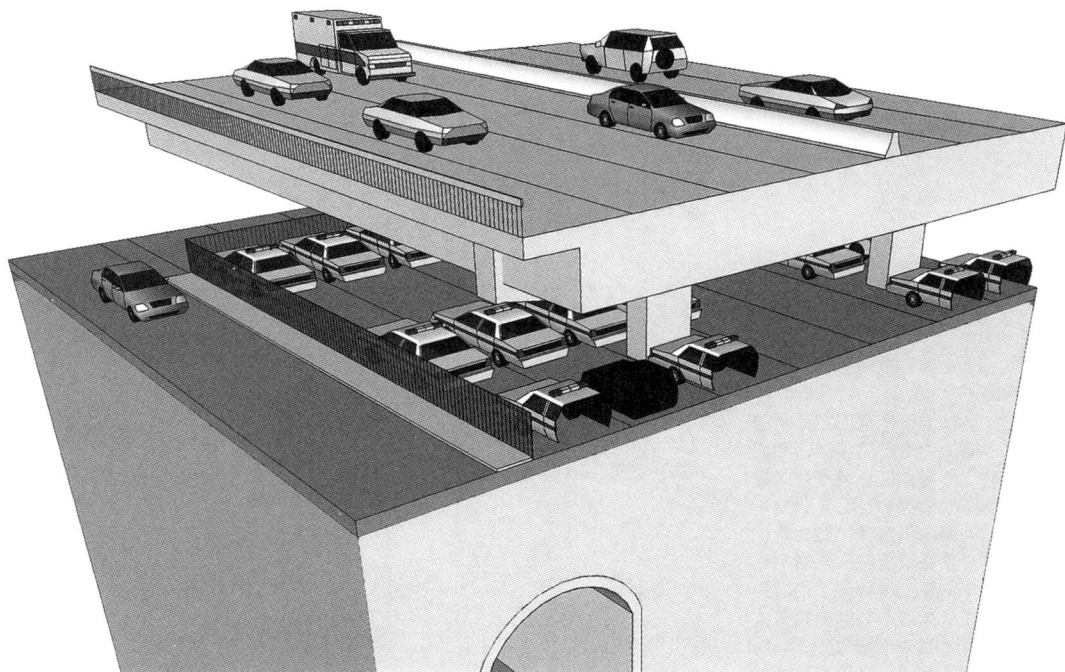

微距北京旧城

朱文一：西直门立交桥是少有的成为"话题"的城市基础设施。有不少段子生动地表述了西直门立交桥的复杂性和矛盾性，令人捧腹。

调研小组：易灵洁（第一组：易灵洁/安玛丽/康惠丹）

地块信息：地块位于西直门立交桥的东北侧，包括上中下三层车道。西直门桥地处北二环与西二环转弯处，是城区通往西北郊的必经之路。

地块景观：地块内隔离绿化带为龙柏和红花檵木。立交桥上层为环形机动车道，转弯车辆在上层行驶；中层为东西向的跨线桥车道，与西内、外大街相通，下层为双向十车道的二环路主行车道；另还有城市轻轨和环线地铁通过。可谓立体的交通枢纽。

地块活动：根据2008年11月20日下午2:00至3:00观察，立交桥上层、中层和下层道路限速每小时60公里，车流量不间断，辅道上偶有摩托车和自行车同行，另有极少量行人违规通行。

地块建筑：立交桥为钢筋混凝土，结构体系清晰明确，但景观欠佳。过于庞大的体量及其上高速的车流，将城市完全割裂，成为人无法接近的一片区域。研查当日，天气阴沉，粉尘度较高，能见度较低，空气质量较差。高速嘈杂的城市让人感到绝望。

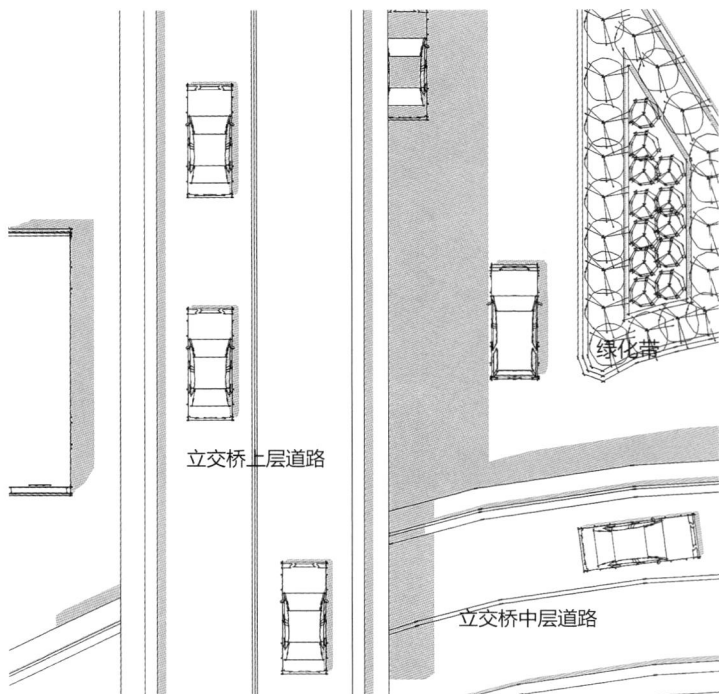

38

立交桥上层道路

绿化带

立交桥中层道路

总平面图

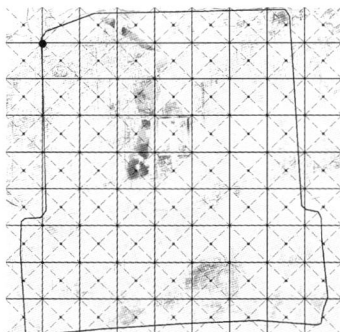

地块X2Y9区位图

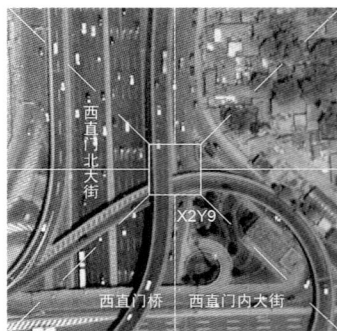

地块周围状况示意

西直门北大街

X2Y9

西直门桥　西直门内大街

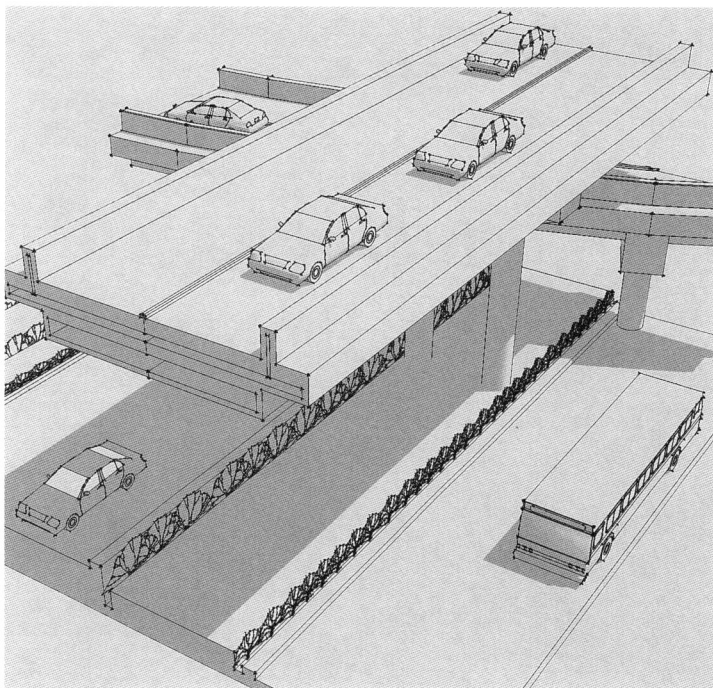

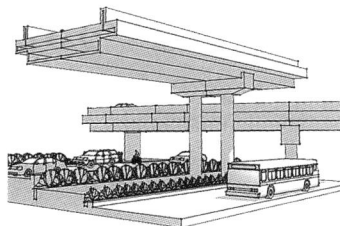

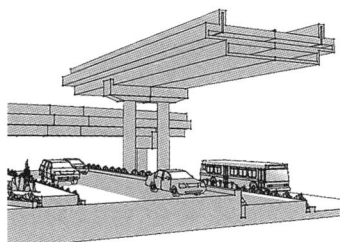

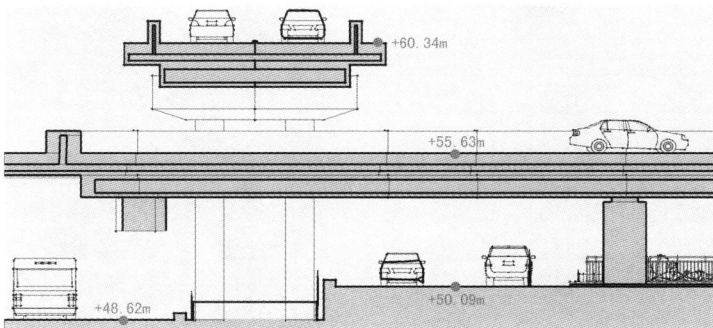

+60.34m

+55.63m

+48.62m

+50.09m

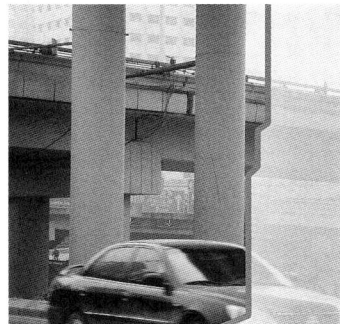

微距北京旧城

朱文一："SHARE"是当今时代的主旋律，在经济领域体现为股票，即共担风险；在知识领域表现为分享，智力交流可以催生更多的智慧；在城市空间领域称之为共享，也就是市民和游客都能够进入和体验的公共空间。在北京城中，有很多类似地块X2Y10的社区内宅前绿地，"SHARE"观念很淡薄，导致绿洲的寂寞。

调研小组：李煜（第三组：李煜/史夏瑶/钟庆发）

地块信息：地块位于北京海淀区，西直门北大街西侧，枫蓝国际南侧的时代之光名苑小区内，地块内为住宅小区内花园。

地块景观：地块内有两棵白玉兰和一棵樱花树，均挂有植树者的名字。另有八棵柏树，树旁有金属牌标记：沙地柏，又名叉子圆柏，科目为柏科，属名为圆柏属，喜光，喜凉爽干燥的气候。地块内有大量草坪。由于处于住宅楼的阴影下，大部分植物常年见不到阳光。地块内有一条6米宽的机动车道，供小区内私家车经过和停靠。其他部分的硬质铺地路为人行通道。

地块活动：地块位于时代之光名苑小区的北边界，常年活动于地块中的有三类人：一是北边入口处的两个保安；二是小区门口的小摊商贩，主要贩卖食品，包括煎饼、糖葫芦、烤红薯等；三是在地块内停车或开车经过小区的居民。

地块建筑：时代之光公寓位于西直门北大街45号，共20层；附属设施有时代之光游泳馆、餐饮、休闲娱乐、酒吧、洗浴等。

地块特色：地块位于寸土寸金的西直门。在这里有一块绿地是非常珍贵的。然而由于权属问题，其他市民和游客不允许进入绿地，居民则忙于工作，无暇欣赏，导致绿地的使用效率很低，成为沙漠般城市中的寂寞绿洲。

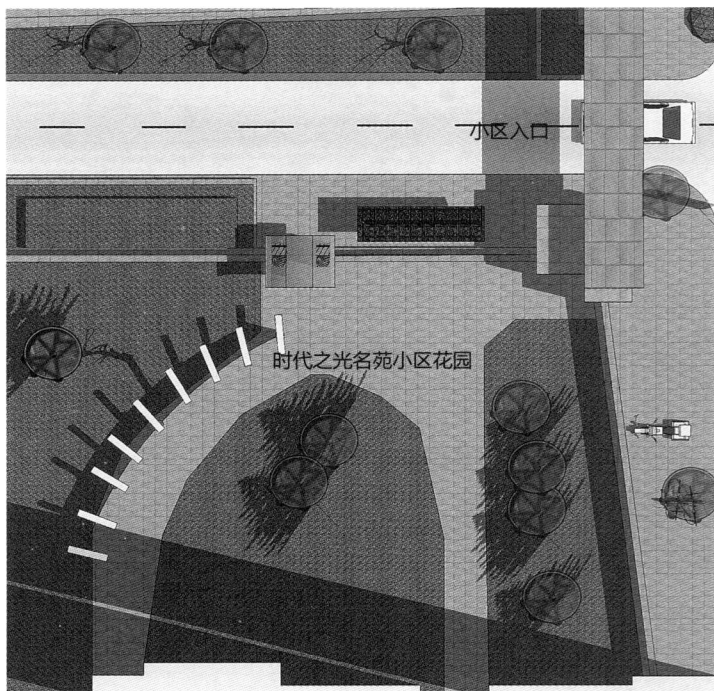

小区入口

时代之光名苑小区花园

总平面图

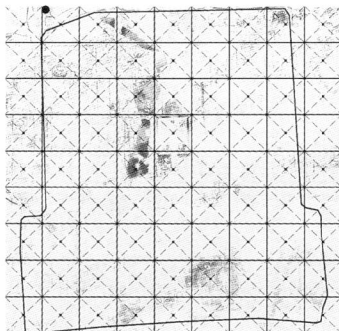

地块X2Y10区位图

地块周围状况示意

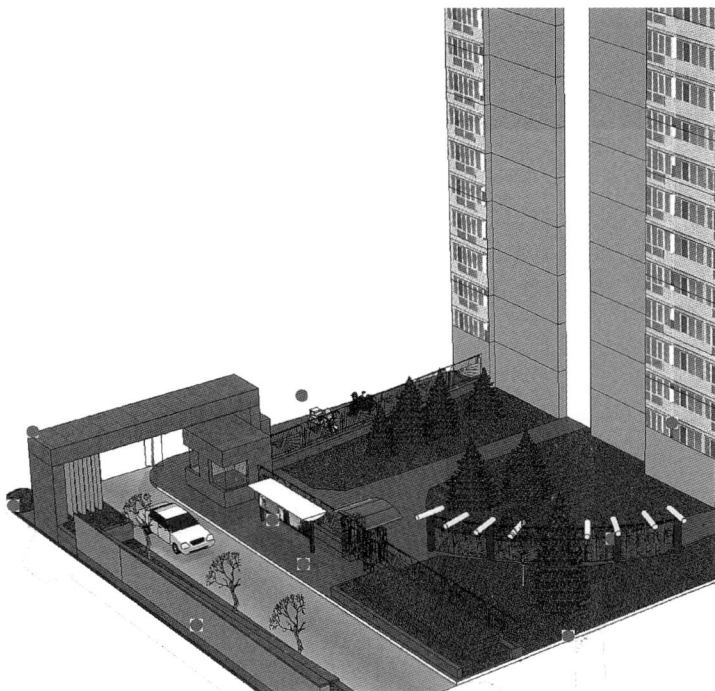

微距北京旧城

朱文一：在北京旧城中，有很多类似地块X2'Y4'的地方，房子之间没有日照间距，生存环境差。通常会"拆"字当头，将破旧的建筑视为很快会被拆除的"临时建筑"。事实上，这些建筑已经"临时"了几十年，并有可能还将"临时"几十年。保持持久的"临时"状态，也许是当代北京旧城改造的思路。

调研小组：闫晋波（第二组：罗晶/闫晋波/邱惠国）

地块信息：地块位于宣武区，西面临近西便门遗址，南面临近宣武门西大街，为住宅用地。

地块景观：住宅楼北面入口前空间狭窄。南面杂院内种有一棵石榴树，屋顶上长有野草。

地块建筑：地块内有部分杂院和一幢6层住宅楼。杂院主体建筑为传统四合院的正堂建筑，约建于清代，硬山卷棚五开间。住宅建筑为坡顶，建造于20世纪60年代。6层住宅楼为砖混结构，墙面为粉色，南向住户自行封闭阳台，阳台窗划分凌乱，空调机外挂。清代四合院建筑保存状况一般，砖雕和瓦顶等原物依稀可见。古建筑和住宅楼之间的距离仅有1米左右，日照环境恶劣。不知道后建的住宅楼是如何建设的，旧城改造更新的难度可见一斑。

总平面图

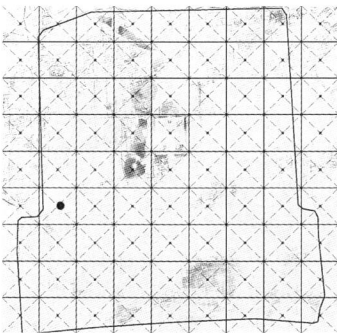

地块X2'Y4'区位图

地块周围状况示意

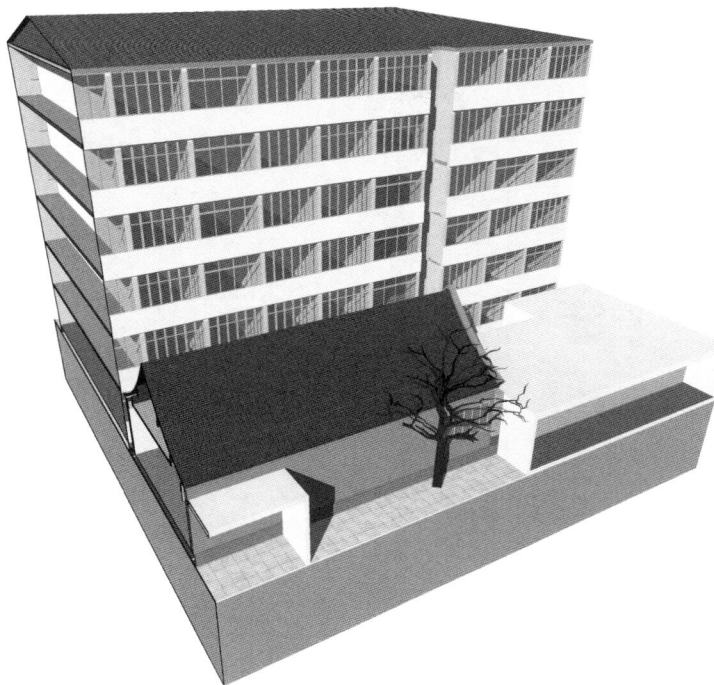

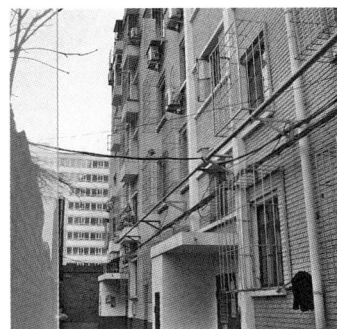

微距北京旧城

朱文一：地块X2'Y5'中的建筑及环境普通但有秩序，这是一座城市中的绝大部分建筑应该呈现的状况。所谓"绿叶配红花"，"绿叶"总是占多数的。今天，甘当"绿叶"已经变成一件难事；因为有自我表现欲的建筑师多，而具有整体思维、考虑全局的建筑师少。

调研小组：李煜（第三组：李煜/史夏瑶/钟庆发）

地块信息：地块位于北京市西城区，太平桥大街西侧，北京市第八中学南侧，地块内有华荣公寓B座楼(西侧楼)和车辆入口，地址为北京市西城区兴盛街2号。

地块景观：公寓内车辆入口两边有绿地，靠公寓边的绿地宽约5米，绿地内有2棵树，树高约7米；靠公寓墙边的绿地宽约4米，有存车处。华荣公寓建筑为10层的低密度公寓，室内采光良好，外立面通透，外墙面金属与石材对比协调，体现出一定的档次和格调。停车位和交通组织实现人车分流，小区的安静与安全得到保障。

地块活动：根据2008年11月21日下午2:20至3:05观察，地块中活动总人数为5人，其中有保安员2人；经过人数为3人，其中1人是骑摩托车的邮递员。小区内车行道宽约6米，石材铺装，其上停有2辆机动车。自行车存车处存有20多辆自行车和电动车。

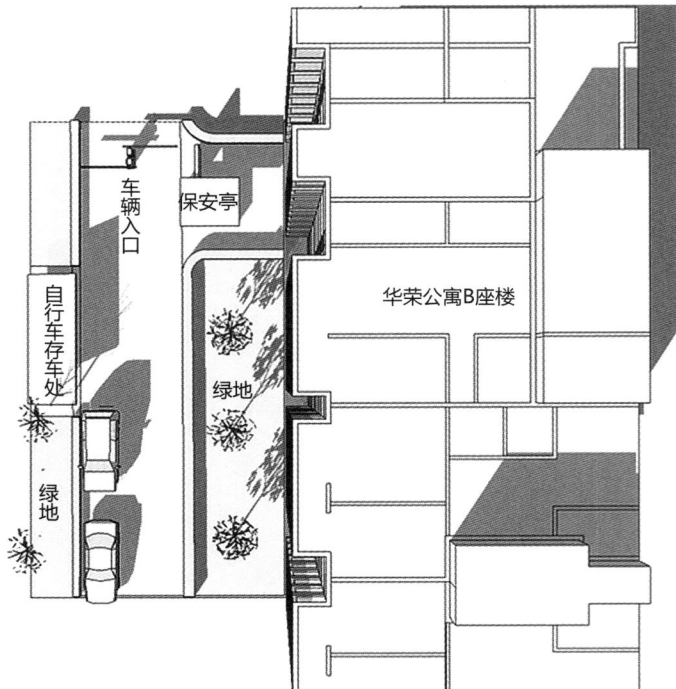

44

总平面图

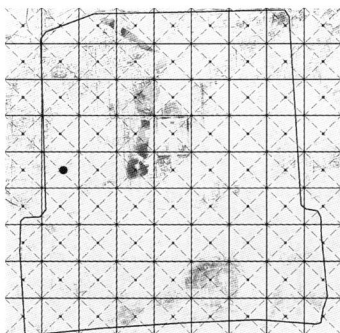

地块X2'Y5'区位图

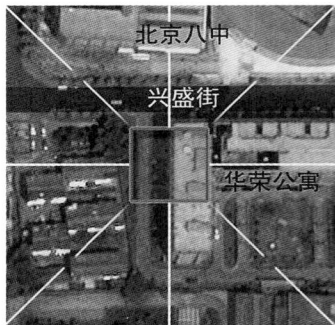

地块周围状况示意

微距北京旧城

朱文一：对旧城的态度直接体现为大拆大建和风貌保护的尖锐冲突。传统建筑作为古都文化的载体，拆除意味着釜底抽薪，文化也将随"拆"而去。对待优秀的传统建筑，要有知难而退的智慧和勇气。

调研小组：史夏瑶（第三组：李煜/史夏瑶/钟庆发）

地块信息：地块位于西城区西二环东侧金融区内的武定侯街，主要部分为东西向街道，北侧为武定侯府遗存，南侧为花旗银行。武定侯街因穿过武定侯府邸而得名，其中北侧府邸正好部分位于该地块内，现用途不明。

地块景观：地块上的植物主要为银杏树，高约6～7米，胸径15厘米。花旗银行西侧绿化采用北方常用的园林绿化灌木，大叶黄杨和小叶黄杨相间种植修剪成型。武定侯街北侧有约1.7米的高差。街道南北两侧均设有停车带，车辆满员。

地块活动：该地块内有少量行人穿过，除了在此工作的保安和施工人员之外，基本没有人驻留，冬季显得格外冷清。街道北侧停有4辆机动车，街道南侧停有6辆机动车。每分钟通过车流量为：出租车15辆，私家车24辆，特种车2辆，运输车4辆，自行车3辆，小摩托2辆。经过行人2人。

地块特点：金融界的崛起伴随着武定侯宅的消失，留下的只有武定侯街的街名，供后人缅怀。北京的魅力，经常会出现在不经意的老城里，到处都是故事，到处诉说着当年的繁华和惊心动魄。武定侯是明代的开国将军，他的家族能一直兴盛到清代，不能不说是一种传奇。武定侯街将武定侯宅一分为二，南宅变成了花旗银行，北宅也行将消失成为金融界的一部分。北京就这样疯狂地变化，只留下让后人不解和充满猜想的地名了。

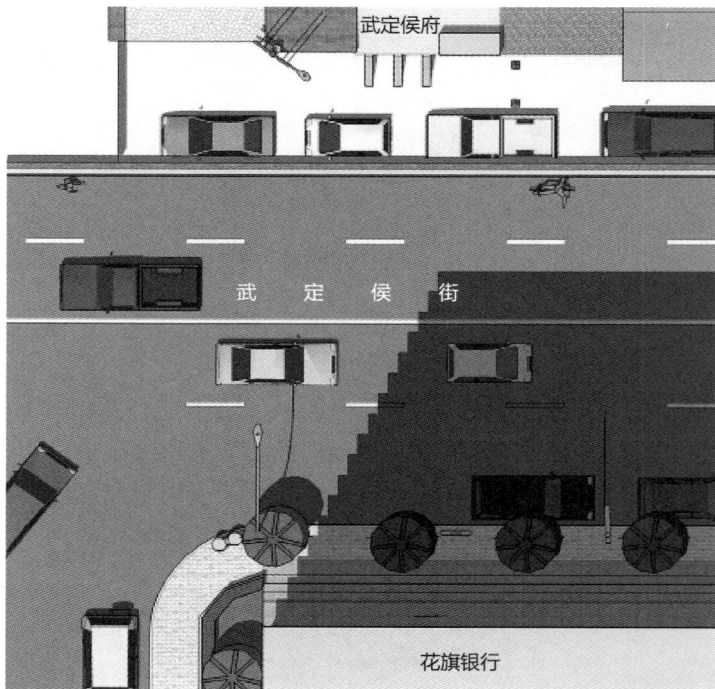

总平面图

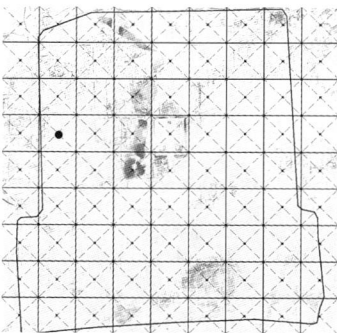

地块X2'Y6'区位图

地块周围状况示意

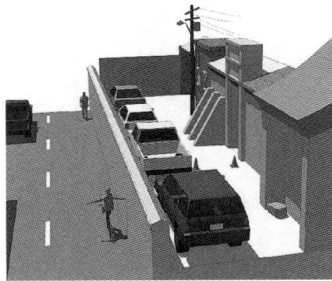

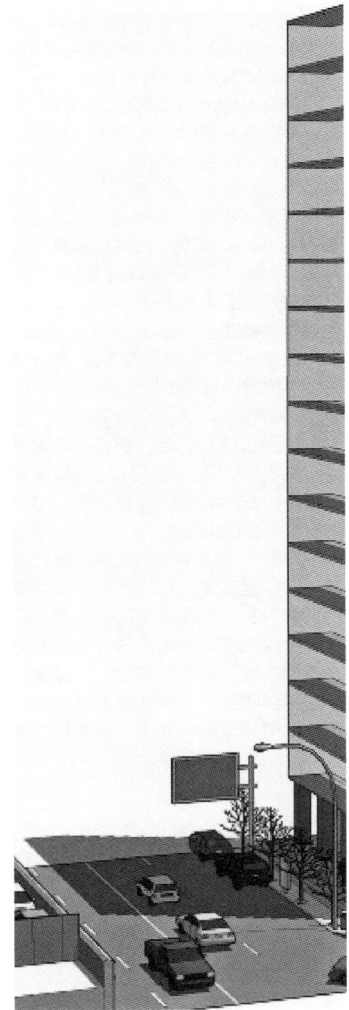

微距北京旧城

朱文一：通常意义上，原生态指的是保持自然状态的环境。如果以"原生态"形容城市空间，"原"表明空间具有深厚历史积淀的信息留存至今；"生态"则指日常生活与空间的匹配度很高。地块X2′Y7′中的胡同可以看成一种"原生态空间"。

调研小组：王舸（第四组：李华/王舸/陈国民/黄瑞林）

地块信息：地块位于北京西城区，西直门外大街南侧，西廊下胡同。地块内除一间发廊外全部为住宅。

地块景观：地块内无植物。自行车、三轮车等交通工具沿墙无序停放。胡同内空间狭长，环境比较脏乱，街边有垃圾堆，但氛围安静，富有生活气息。

地块活动：根据2008年11月14日下午2:02至2:42观察，由南往北路过自行车12辆，家电维修摩托车1辆，小汽车3辆，三轮车3辆，行人12人。由北往南路过自行车11辆，面包车1辆，出租车1辆，三轮车2辆，行人8人。停放车辆状况：汽车3辆，货三轮1辆，摩托2辆，三轮车3辆，自行车2辆，婴儿车1辆。除了路人甲乙丙丁外，有3人入户，2人出户。1位老年人散步。1个路人用方言打电话。3个发廊女一直在织毛衣。

地块建筑：地块中的旧城高密度大杂院，以粘土砖砌筑，瓦屋面一层坡屋顶平房为主，另有后期加建的单坡和水平屋顶的临时建筑。部分建筑为清水砖墙，部分为涂料墙面。街道空间堆放各种物品，尽管视觉上显得有些凌乱，但尺度亲切宜人，有宁静生活氛围。

48

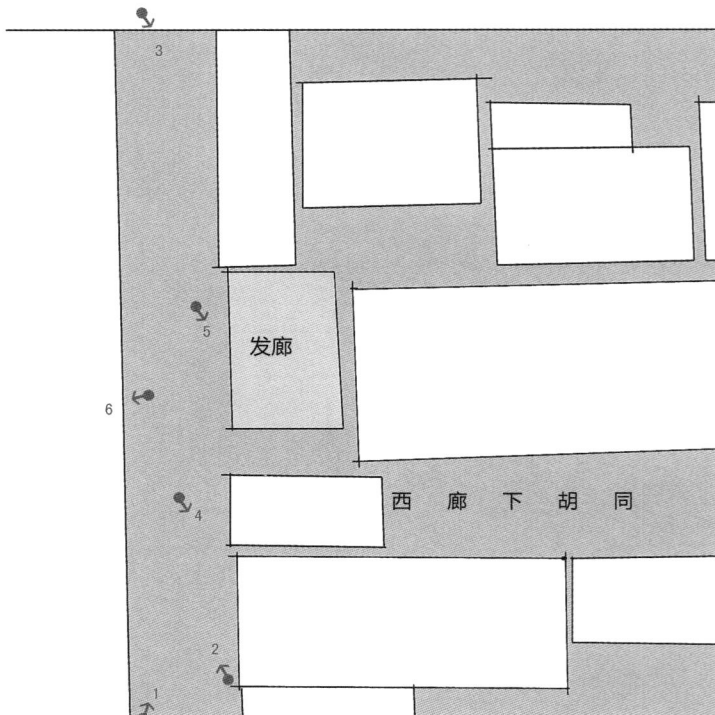

总平面图

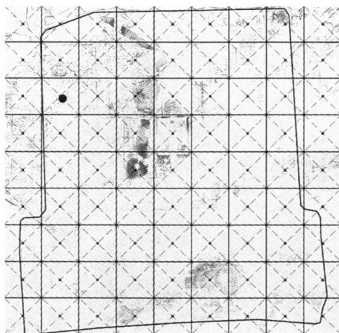

地块X2'Y7'区位图

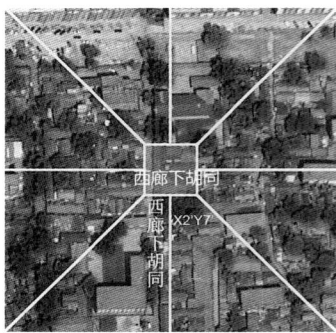

地块周围状况示意

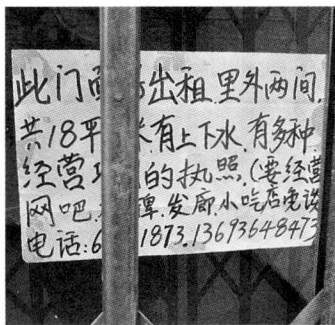

微距北京旧城

朱文一：城市空间并不总是由建筑物主导，有时候，一些被忽视的空间要素也可以起到关键作用。比如地块X2′Y8′中大马路上的大槐树，鹤立鸡群，在空间中起着画龙点睛的作用。

调研小组：史夏瑶（第三组：李煜/史夏瑶/钟庆发）

地块信息：地块位于西城区西直门东南侧西城区图书馆北的后广平胡同。地块主要部分为东西向街道，北侧为图书馆专用停车场。

地块景观：地块上的植物主要为规划种植的银杏树，高6～7米，胸径15厘米。此外，地块东北侧有一棵老国槐，胸径约1.5米。沿街北侧绿化带在银杏行道树与道路之间，利用大叶黄杨、小叶黄杨及草坪修剪出波浪状图案。后广平胡同北侧为灰色围墙，南侧为西城区图书馆、中国人寿及官园公园。

地块活动：地块内除了有在此工作的保安停留外，也有行人坐在马路边上晒太阳，和一部分等待大巴车的人们。但人流并不密集，节奏比较缓慢。街道北侧停有4辆机动车，车型为桑塔纳2000、丰田皇冠、两厢飞度及起亚三厢轿车。街道南侧停有1辆红色金龙大客车。每分钟通过车流量为：出租车1辆，私家车4辆，特种车1辆，运输车1辆，自行车5辆，小摩托5辆。经过行人3人。

地块特点：后广平胡同拓宽工程于2007年竣工。如同其他道路拓宽工程一样，该工程建设中也拆除了不少老房子。如今，后广平胡同宽阔、安静，只有大槐树还在述说过往旧事。

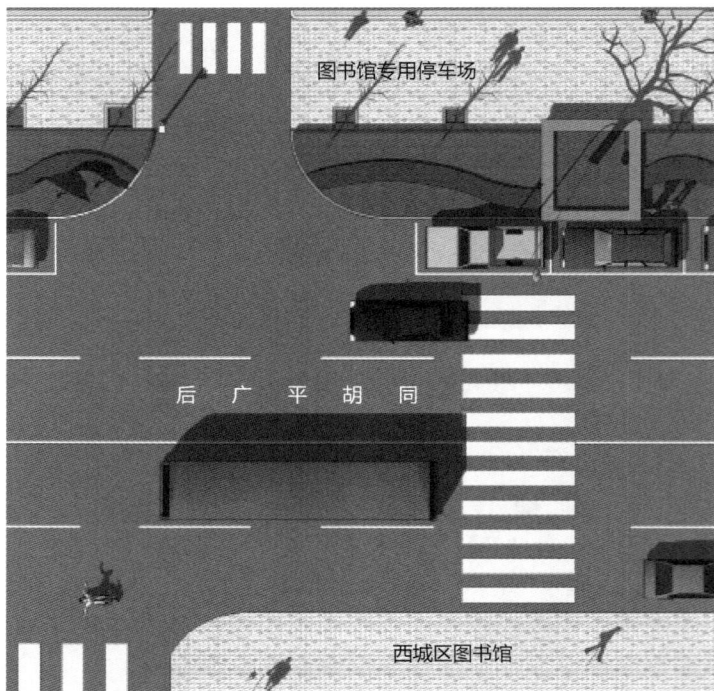

总平面图

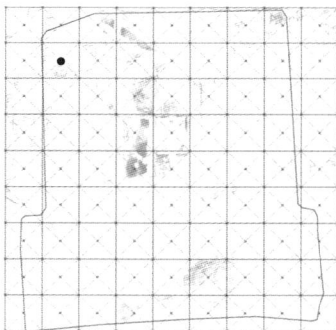

地块X2′Y8′区位图

地块周围状况示意

微距北京旧城

朱文一：北京城的道路不仅宽阔，而且有其独特的"三块板"形式。今天，这种充分考虑自行车通行的道路形式在很大程度上只剩下"形式"了，因为原本两排行道树之间的宜人自行车道，已经越来越多地沦为机动车停车位及车流不息的辅路。

调研小组：刘博（第五组：曹雯/魏钢/刘博）

地块信息：地块位于北京西城区，北二环西路北侧，为市政道路用地。用地权属为北京市市政投资公司。

地块景观：地块位于二环路边，与路北建筑之间有宽约40米的绿化带，绿化带的一部分在地块范围内，面积约100平方米，呈三角形。绿地分为四层：草地、矮灌木、高灌木和乔木。根据统计，地块内共有乔木22株。其中，国槐15棵，柏树1棵，雪松1棵，桃树3棵，龙柏1棵，冬青1棵。

地块活动：根据2008年11月21日下午2:00至2:15观察，地块中活动总人数为3人，通过行人122人。2起活动其一为一对情侣以街边绿化为背景拍照，持续时间1分钟；另一起是一男子骑车通过，停在路边手机通话，持续时间5分钟。另有4组通过行人在通过该地块时发生对话。该地块的车流量为：东行自行车7辆，主路上西行机动车624辆，辅路上西行机动车265辆，自行车道上西行自行车35辆。该地块用途单一，几乎是纯粹的交通空间，且除交通功能外只有绿化用地，因此人的活动主要是通过。另外，因为北京老城西北角倒了方角的原因，地块内的二环路也随之倾斜，与北京旧城内其他地区基本正南北或东西向的城市肌理有所不同。

52

总平面图

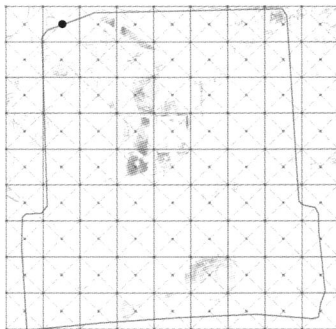

地块X2'Y9'区位图

地块周围状况示意

微距北京旧城

朱文一：胡同故事多。在北京旧城中，每一条胡同都有自己的"身世"。胡同名的变化真实、准确并且生动地反映了社会生活的流变。而这一切能够发生的前提是胡同是否安在。地块X3Y3中教子胡同和培育胡同留存至今，作为体现北京旧城特色的物质载体，实现了古与今的对话。

调研小组：康惠丹（第一组：易灵洁/安玛丽/康惠丹）

地块信息：地块位于北京宣武区，教子胡同与培育胡同交点处，牛街东里小区东侧。地块内西北角有翔达公司、穆德楼清真烤鸭店和三间空置商业铺面。

地块历史：历史上，这里属于回民住区。回民与汉民曾有过一段不和睦的历史。回民将胡同名称改为教子胡同，意为教育儿子；而汉民将附近的胡同改名为惯儿胡同，意为惯着孩子，又称为罐儿胡同，和睦相处之后改为诚实胡同。只有教子胡同的名称保留至今。

地块景观：地块内有7棵乔木，其中，4棵为行道树国槐，胸径约15～20厘米，树高约5米，位于教子胡同西侧；2棵为毛白杨，胸径约50厘米，树高约12米，位于教子胡同东侧；1棵为柏树。教子胡同路面宽约8米，电线杆、街灯、架空电线等设施布置凌乱。

地块活动：根据2008年11月14日下午2:05至3:10观察，地块中停有5辆机动车。2辆车停在穆德楼门前的人行道上，另外3辆停在自行车道上。6分钟内，共经过行人54人，自行车62辆，机动车71辆。

地块建筑：地块中翔达公司为灰蓝瓷砖外饰面的三层办公楼。地块东侧商铺为红瓦屋顶、灰色抹灰饰面的一层平房。地块西侧穆德楼为粉色瓷砖饰面的一层平房，顶部有绿色穆斯林风格的装饰招牌。西南侧为牛街东里小区的铁艺镂空栏杆围墙，高约2米。地块中各幢建筑缺少呼应。

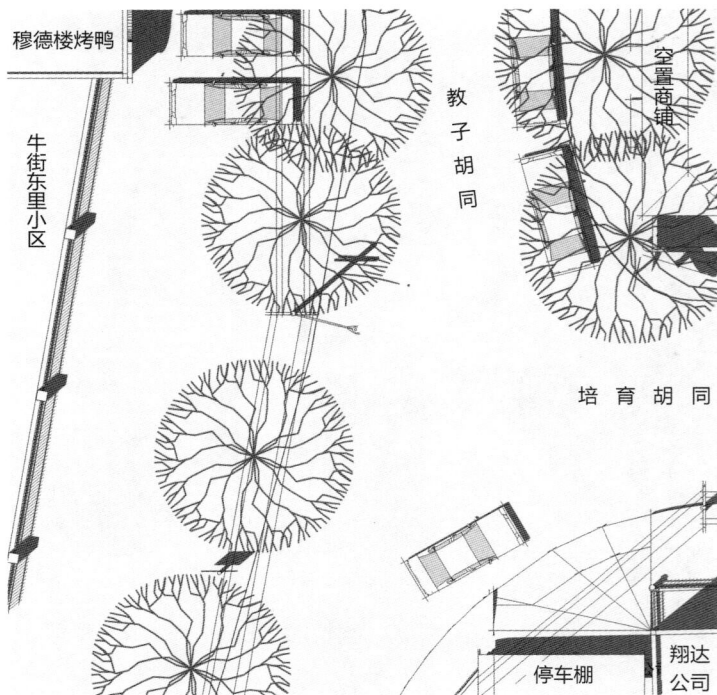

总平面图

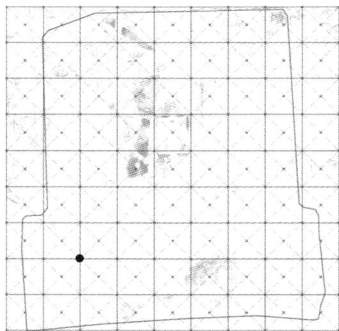

地块X3Y3区位图

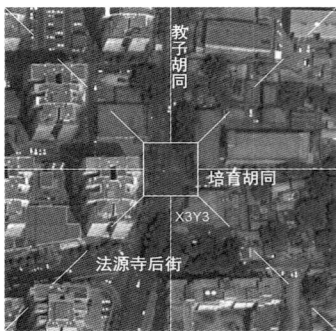

地块周围状况示意

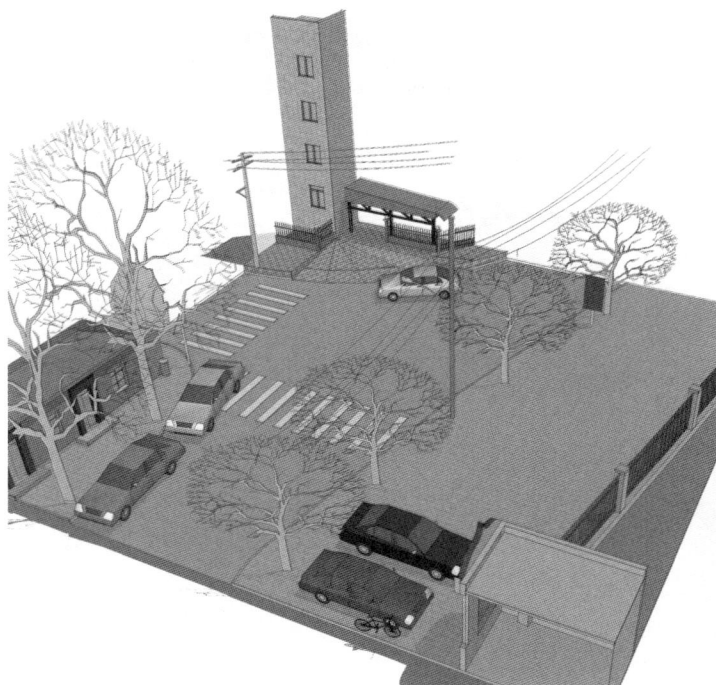

微距北京旧城

朱文一：呈现历史记忆的方式多种多样。有的以物质存在的形式留存记忆，建筑是石头的史书，指的就是这种方式；还有的以非物质的方式传承历史，如语言、文字等。地块X3Y6中，辟才胡同的宽度增加了10倍，早已不是原来的样态。辟才胡同街名延续至今，说明即使遭遇大拆大建，历史传统的生命力依然旺盛。

调研小组：刘利（第六组：刘利/石炀/潘睿）

地块信息：地块为道路用地及部分商业和居住用地，地处辟才胡同和太平桥大街十字路口。

地块历史：辟才胡同原来宽5米，2000年扩建成50米宽的大马路。齐白石故居就在辟才胡同的西边。据慈禧太后后人写的回忆录记载，老佛爷出生在辟才胡同。老北京人也称之为"劈材"胡同。

地块特点：地块内道路为双向六车道，道路一侧可停放机动车。自行车道近6米宽。住宅楼为多层，建筑品质一般。

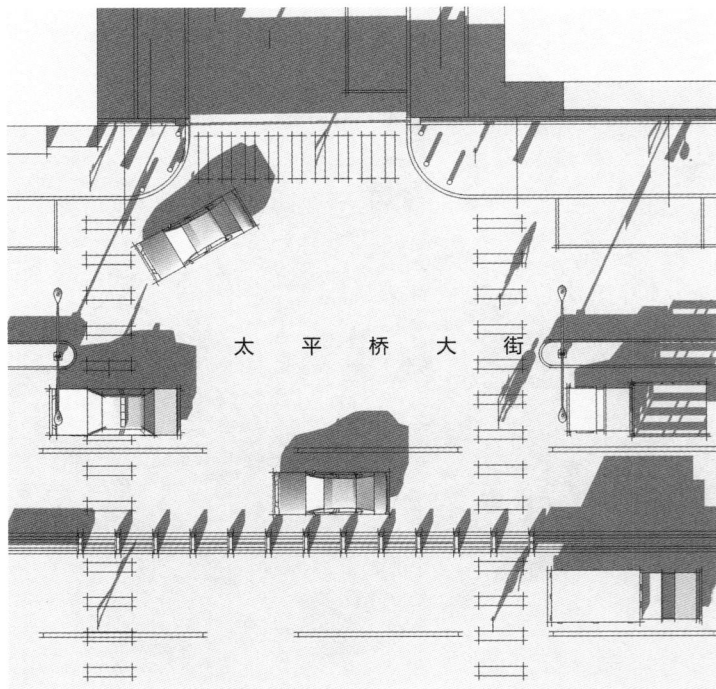

总平面图

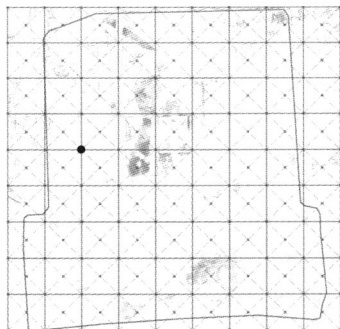

地块X3Y6区位图

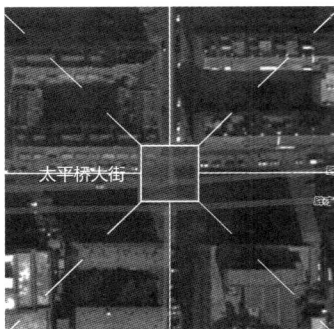

地块周围状况示意

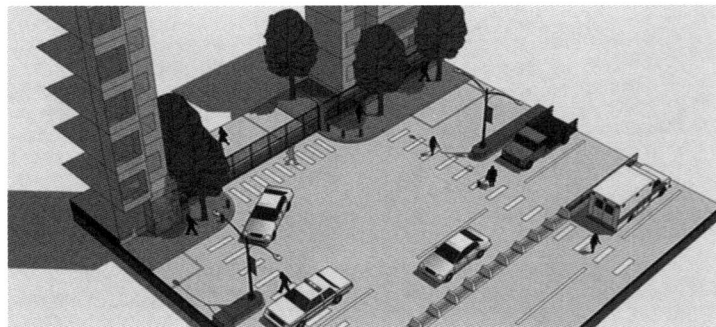

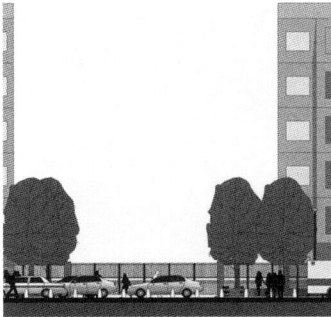

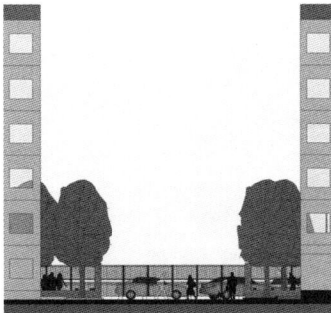

微距北京旧城

朱文一：一座城市的运转需要基础
设施的支持。通常情况下，人们都
不会看到遍布城市的基础设施。地
块X3Y10展示了地铁车辆调度站的
情况。地块的场景往往在"大片"中
呈现，这表明即使是不能进入的基
础设施，也是城市空间的景观，可
以通过适当的方式开放。

调研小组：曹雪（第五组：曹雪/魏钢
/刘博）
地块信息：地块位于积水潭桥北，新
街口外大街西侧，北临德外西河和饮
马糟路。地块属于北京地铁运营责任
有限公司车辆二公司太平湖车辆段。
地块活动：地块位于封闭的厂区内
部，为地铁调度的中转场所，有一定
的危险性，因而闲杂人员无法随意进
入。地块内密布铁轨，主要为地铁车
辆的调度而设。
地块特点：密布的地铁轨道在东西方
向贯穿地块达6条之多。地块空间属于
机器尺度的而非人的尺度。

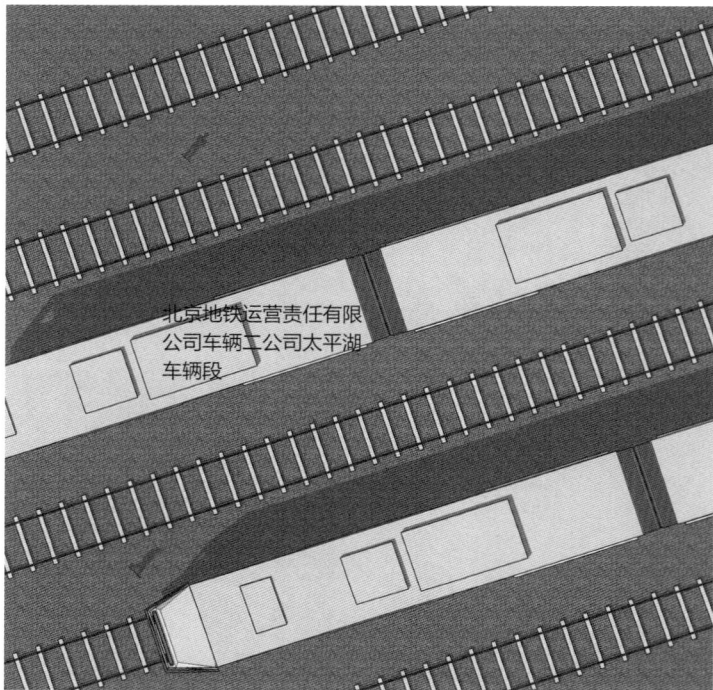

北京地铁运营责任有限
公司车辆二公司太平湖
车辆段

总平面图

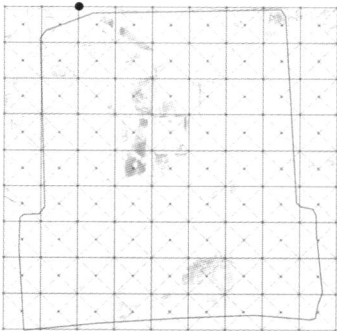

地块X3Y10区位图

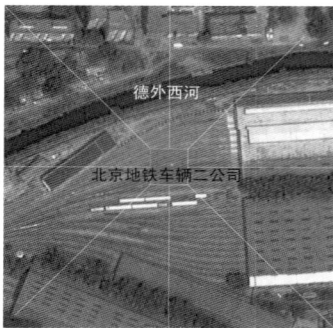

德外西河

北京地铁车辆二公司

地块周围状况示意

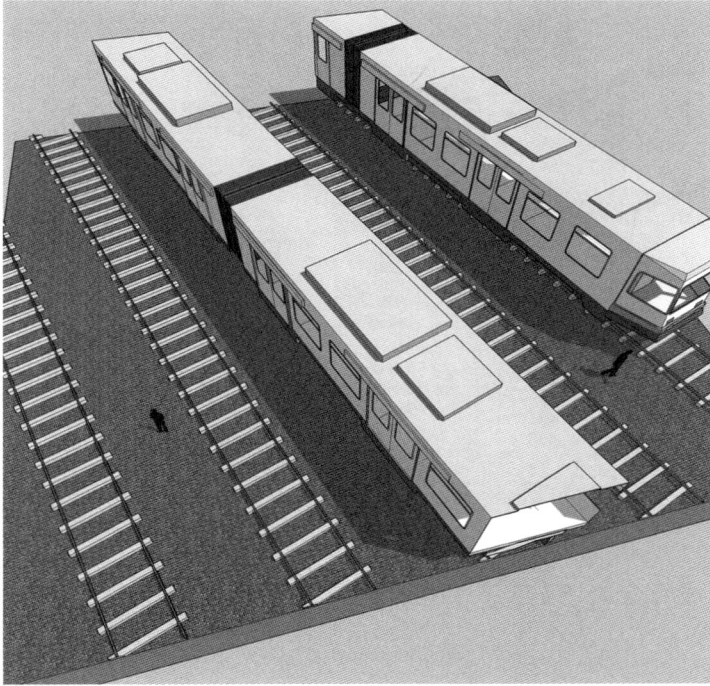

微距北京旧城

朱文一：钢筋水泥的丛林形象地描绘了现代城市中冷冰冰的方盒子建筑远离自然、缺乏人性的凄凉景象。这表明，居者仅仅有其屋是远远不够的，居者希望的是舒适宜人的生活环境。对于北京旧城来说，美好人居环境的创造任重而道远。

调研小组：金世中（第七组：郭晓盼/金世中/黄文镐/姚涵）

地块信息：地块位于北京宣武区，菜市口大街西侧，南横西街南侧。地块内东边为陶然居公寓，西边为平原里小区，包括两个住宅之间的街道及停车场。

地块景观：地块主要景观是居民楼和停车场。

地块活动：根据2008年11月28日下午1:45至3:05观察，地块中活动总人数28人，经过行人28人，其中儿童4人，青年3人，中年12人，老人9人，狗3只，大部分进入陶然居公寓。路边停放车辆共9辆，经过机动车1辆，自行车3辆。

地块建筑：地块内陶然居公寓是20层的住商复合楼，底部1至3层是商业空间。陶然居公寓的居民经过地块内街道进入公寓。在南横西街南边，平原里小区内一栋12层建筑也是住商复合形式。

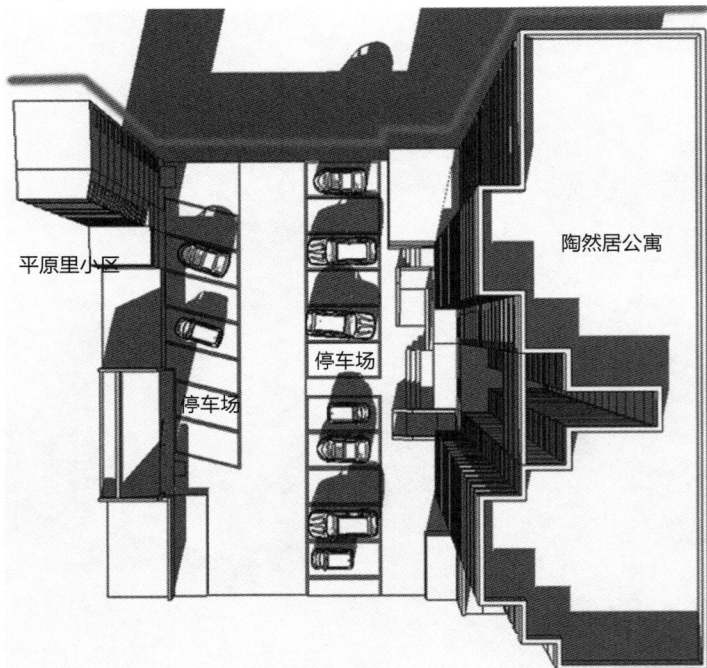

平原里小区

停车场

停车场

陶然居公寓

总平面图

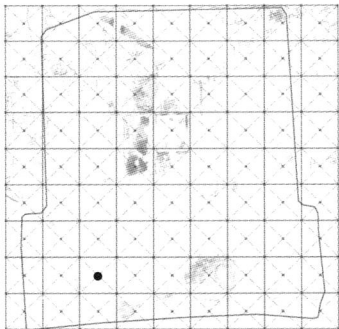

地块X3'Y2'区位图

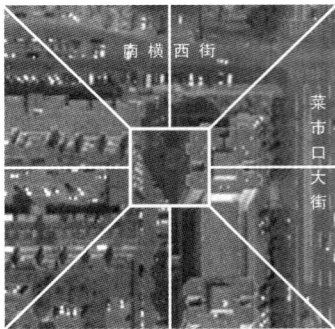

地块周围状况示意

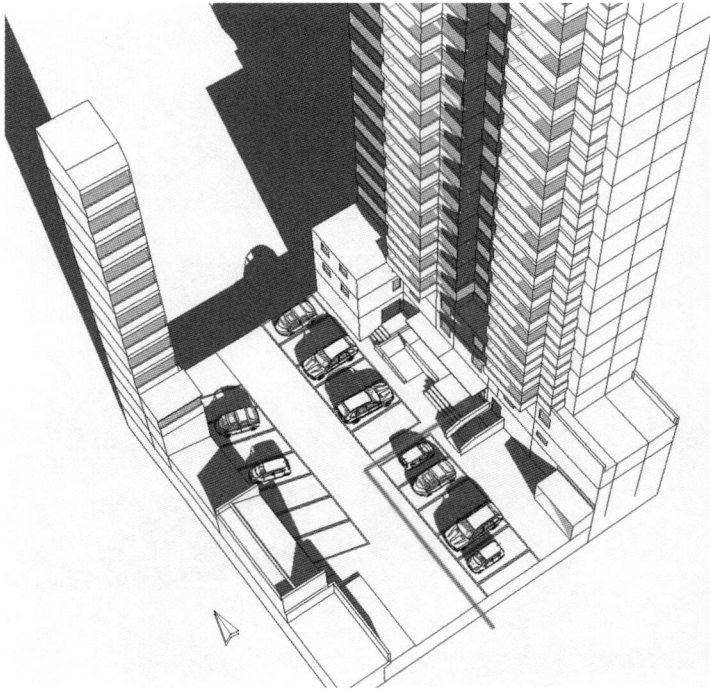

微距北京旧城

朱文一："罗马城不是一天建起来的"，说明城市的形成都有自己的发展过程，今天的人只是城市形成和发展中的匆匆过客罢了。保护和延续城市中的历史片段及其空间痕迹，成为考验当代建筑师智慧和水平的难题。

调研小组：康惠丹（第一组：易灵洁/安玛丽/康惠丹）

地块信息：地块位于北京宣武区宣武门外大街西侧，车子营胡同南侧。地块内19栋建筑全部为一层双坡屋顶平房。

地块景观：地块内有2棵乔木，一棵为国槐，胸径在70厘米以上，树高约12米，树冠直径约10米，位于住宅院内；另一棵为柿子树，胸径40厘米左右，树高约6米，树冠直径10米，位于住宅院内。胡同中有住宅后小片种植地，种有南瓜、豌豆，以及串红等。胡同中向阳处有衣服被褥等晾晒。自行车三轮车等交通工具沿墙无序停放。胡同内空间狭长，环境比较脏乱，但氛围安静，富有生活气息。

地块活动：根据2008年11月13日下午1:45至3:05观察，地块中活动总人数为20人，经过行人5人，室外聊天晒太阳12人，倒垃圾2人，扫地1人。一位阿姨告知，该片区传闻拆除已经多年了，但一直没有动静。平房内几户共同使用一个上下水管，一个电表，房屋狭小拥挤。一位1956年1月搬入这个片区的老红军激动地说，尽管现在住的地方密度大，环境恶劣，但还是愿意住在平房里而不愿意住楼房，因为自己年纪大了腿脚不方便，住在平房里还可以相互帮忙照应。

地块建筑：平房为传统的北京民居形式，以粘土砖砌筑，瓦屋面一层坡屋顶，另有后期加建的临时建筑，通常为单坡或者平顶。

62

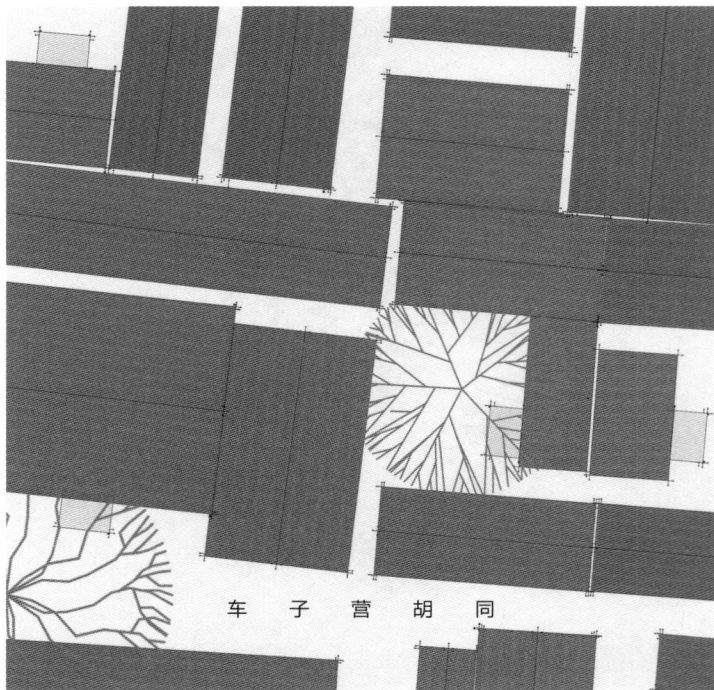

总平面图

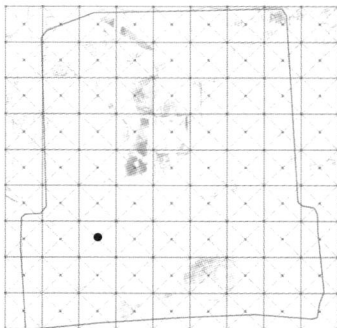

地块X3'Y3'区位图

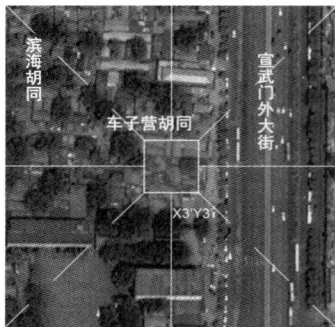

地块周围状况示意

微距北京旧城

朱文一：市场经济是当代社会的主要特征。直接体现市场经济的商业中心往往是城市空间中最具活力的地方。地块X3'Y5'地处西单商业区，天桥的架设串连了购物空间，但缺乏北京城空间特色。建筑师一方面要创造更加舒适宜人的购物环境，另一方面更要充分考虑设计体现当地建筑特色的空间形象和氛围。

调研小组：李华（第四组：李华/王舸/陈国民/黄瑞林）

地块信息：地块位于西单北大街西侧133号，中国银行总部的北侧，大悦城南侧的过街天桥正好从中间穿过。地块内几乎全为西单君太大厦，地下二层及地面七层为西单君太商场，其上五层为办公楼，是中国联通总部所在地。

地块景观：地块内有几棵刚种上没长叶子的白杨，胸径15厘米，高3～4米。二层平台上有2个约4米长的座椅，一般有2至3人同时使用。一层平台上有总长约10米的座椅，上座率非常高。也有很多人到地块内等待公交车。

地块活动：根据2008年11月20日下午2:05至3:20观察，地块内有多个步行平台，对其分别进行了研查。过街天桥：由于连接道路两侧，使用率较高，每小时约为2140人次。人群多以2至4人为一组，结伴而行。二层室外平台：该平台直接联系君太商场入口，通过人数很多，每小时约为2400人次。平台上活动多样，以通行和进商场为主。一层室外平台：该平台通过人数最多，每小时约为3400人次。活动方式多样，包括通行、进商场、等人、等公交车、休息、买卖电话卡、执勤、过马路等，其中等人的统计约为每小时600人次。进商场的人反而不是主体。

地块建筑：建筑立面、过街天桥和城市家具均为现代主义风格。各种广告宣传画、橱窗覆盖了一至三层，人群熙熙攘攘，形成了热闹的商业气氛。

总平面图

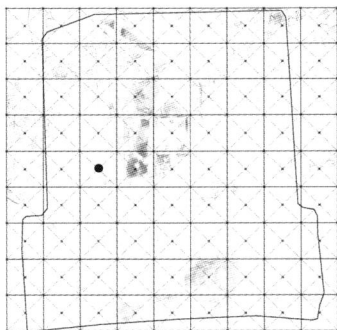

地块X3'Y5'区位图

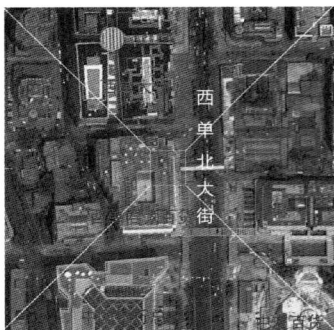

地块周围状况示意

微距北京旧城

朱文一：北京旧城中大量的高层商住楼见缝插针，在空间上改变了旧城街道的尺度，汽车的随意停放则在行为上阻断了旧城中商业活动的连续性。地块X3'Y7'中，城市天际线被高楼彻底改变；停满人行道的车辆则让街道空间彻底失落了。

调研小组：罗晶（第二组：罗晶/闫晋波/邱惠国）

地块信息：地块位于北京西城区西四北大街东侧交界路口处，与报子胡同隔街对望。地块内包括一条城市次级道路，一个建筑前广场，部分停车场以及一幢婚纱摄影楼和一幢居民楼的局部。

地块景观：婚纱摄影楼门口有两盆盆栽棕榈，同时有小部分地块处于道旁树的阴影下，道旁树为国槐。硬质铺地采用三种不同的地砖拼接法，划定了停车场、人行道和楼前广场三块不同性质的空间。

地块活动：根据2008年11月14日下午2:10至2:20观察，地块中活动总人数为37人，均为经过行人。其中，有27人步行，10人骑自行车。地块内经过机动车24辆，停放机动车28辆，另在婚纱摄影楼前停婚车4辆。停车场外违规占道停车11辆。停车面积严重欠缺。在调查的半小时内，碰到一起交通堵塞。原因是寻找停车场内车位。

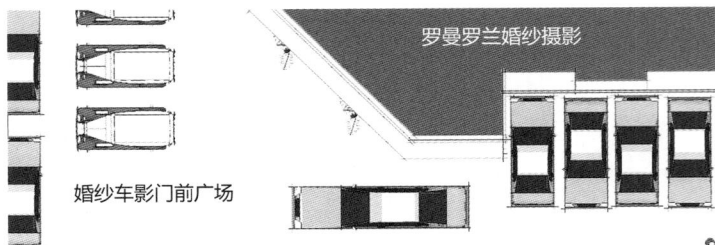

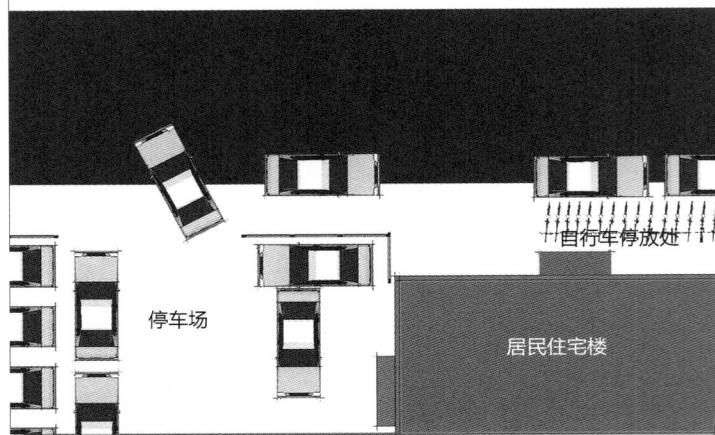

总平面图

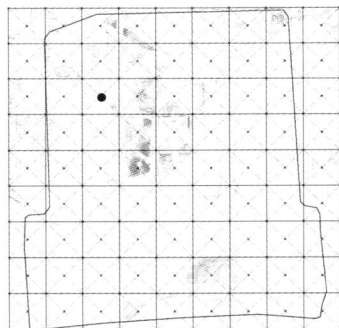

地块X3'Y7'区位图

地块周围状况示意

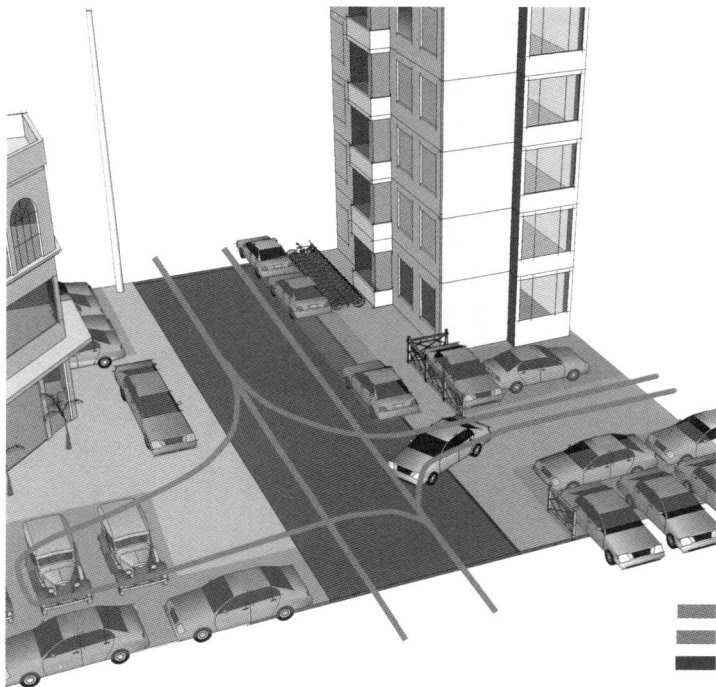

建筑高度约56.8米

城市天际线
城市天际线在这里发生了巨大的变化。地块周围的建筑均为二三层的沿街店面，掩映在浓郁的道旁树隙中，而至地段位置突然出现了两座17层的住宅塔楼，尤显突兀。

建筑高度约12.0米

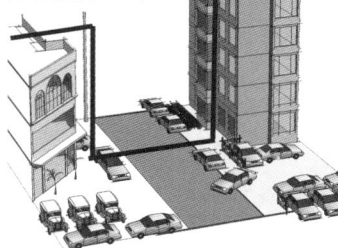

67

微距北京旧城

朱文一：随着城市的不断发展，各种活动不断涌现，相对应的建筑和城市空间类型也随之增加。地块X4Y4中的停车场和临时监督亭就是北京旧城中近几十年来出现的建筑和空间类型。从城市空间的角度，停车场应该公园化，成为绿树成荫的绿空间；而监督亭一类的临时建筑应该像公园里的景观建筑那样点缀空间。

调研小组：黄瑞林（第四组：李华/王舸/陈国民/黄瑞林）

地块信息：地块位于北京宣武区，平安门、宣武门西大街南侧，琉璃厂街的西端。区内胡同都已被拆。

地块历史：地块曾是历史中琉璃厂西南角的平民胡同。可惜现在都建起了高层住宅和大马路，已看不见昔日的历史遗迹。

地块景观：地块内停车以美国别克汽车公司生产的汽车居多。停放的16辆车中，就有6辆是别克，占总停车数的38%。其次是德国大众汽车。

地块活动：调研当日气温低，路上行人不多。偶尔有几辆汽车经过，停放。守在监督亭的保安请我到亭子里避风。保安说他们工作很忙，一周最多休息一次。他们认识停车场里的每一个车主，能辨认每一辆车。

地块建筑：现状为三岔路口，仅有一间旧屋，屋旁有临时监督亭。

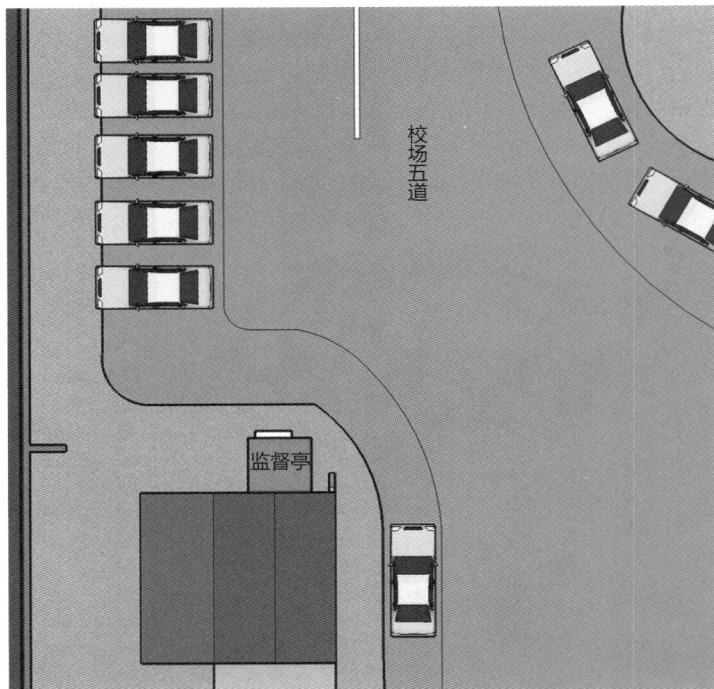

总平面图

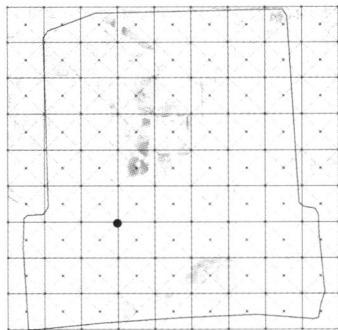

地块X4Y4区位图

地块周围状况示意

采访
2008年12月19日下午3:30至4:15

刘师傅
年龄: 约40岁
地属:北京人
工作岗位: 保安,停车管理员
工作范围：确保地块的安全，并对每个区内的停车者收费
工作时间：早上8点至下午6点
月收入：1000元人民币
刘师傅只念了初中，接着就当了兵。他生活艰苦，采访时还不时跑出监督室追着车主收费。

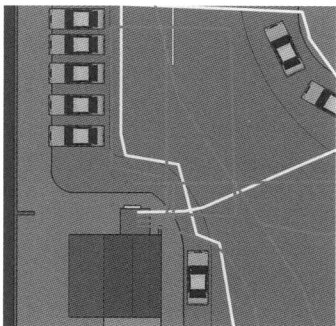

张师傅
年龄：约35岁
地属：河南开封市人
工作岗位：保安,停车管理员
工作范围：确保地块的安全，并对每个区内的停车者收费
工作时间：下午6点至早上8点
月收入：1000元人民币
张师傅约下午4点就到了监督室。他刚接手这份工作还不到半年。

李先生
年龄：27岁
地属:河北人
工作岗位：保洁工人
工作范围：确保地块内的路边干净
工作时间：早上5点至下午5点
李先生是一名退伍军人，当了三年兵，后来被派到这个岗位，已工作两年。他已婚，有一个孩子，一家三口都住在北京。

微距北京旧城

朱文一：大拆大建曾经是北京旧城改造中的主要开发模式。这种模式的最大问题是瞬间切断历史，对旧城空间肌理造成不可逆转的毁坏。在强调旧城保护和风貌延续的今天，仍然有文物被大拆的新闻不时传出……"我拆、我拆、我拆拆拆"。保护旧城，应该从每一个人做起。

调研小组：黄文镐（第七组：郭晓盼/金世中/黄文镐/姚涵）
地块信息：地块位于北京西城区，国家电网公司大厦南面，曾用为停车场，现在有两座蓬房等。
地块景观：地块内有三棵法国梧桐，树高约16米。
地块活动：根据2008年12月21日下午2:05至2:15观察，地块内没有人活动。调查时间内有一位清洁工及一辆自行车经过。

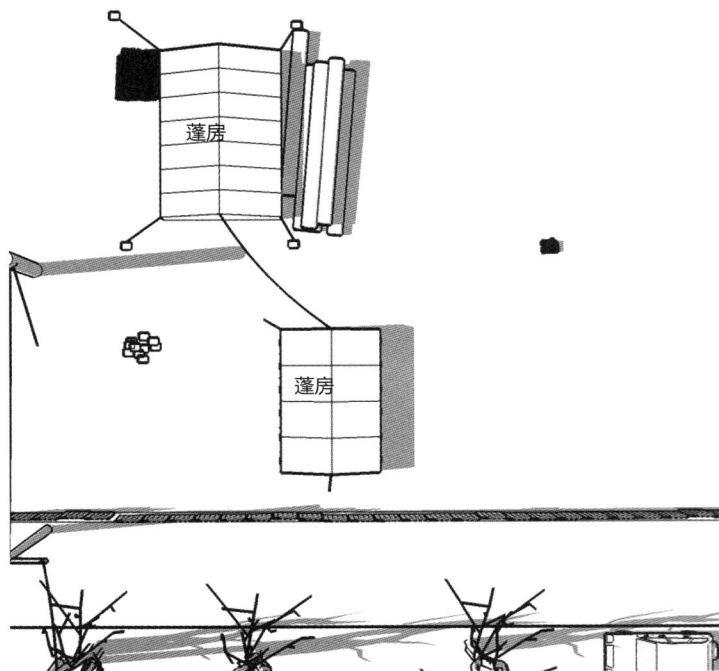

总平面图

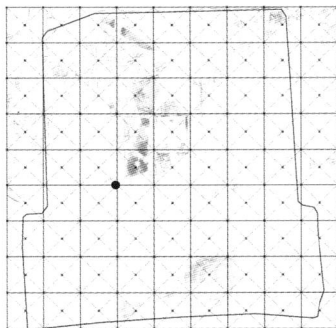

地块X4Y5区位图

地块周围状况示意

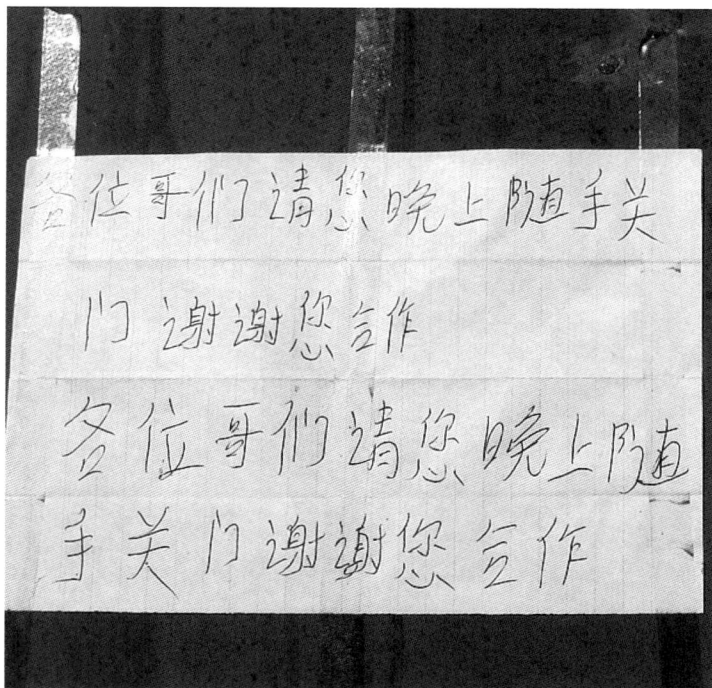

各位哥们请您晚上随手关门 谢谢您合作

各位哥们请您晚上随手关门 谢谢您合作

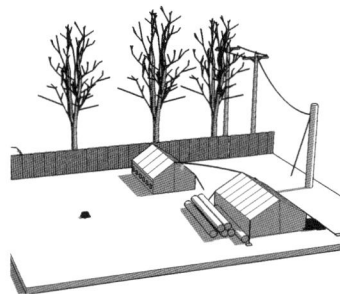

南新平胡同
NANXINPING HUTONG

微距北京旧城

朱文一：公交枢纽是城市的重要出入口，人流集散是其主要的功能。结合广场等公共空间规划布置公交枢纽，可以形成城市中极具活力的空间，更能展示城市的对外形象。地块X4Y10中，公交枢纽乱象丛生，不仅没有形成有序的公共空间，而且还破坏了宏伟的德胜门古建筑的风采。

调研小组：曹雪（第五组：曹雪/魏钢/刘博）

地块信息：地块位于北京市西城区，德胜门桥南，德胜门箭楼及北侧广场位置，包括箭楼城楼的一部分以及箭楼北侧的919路公交车始发站点。

地块景观：地块内北侧广场铺装为灰色地砖，南侧箭楼周围人行道部分也为灰色地砖，公交车站则是沥青路面。

地块活动：调研时间内，地块内共有84人活动。其中，有4名工作人员在聊天，3名工作人员在维持车站排队秩序，38人在排队等候公共汽车，7名小商贩在叫卖，1名导游在组织旅行社团队，25人经过地块，2人骑自行车经过，3人在拍照，1人在放风筝。德胜门箭楼是一个典型的空间标志物，其巨大的体量、突出的高度及独特的历史背景使其在整个地块空间中占据了绝对的统治地位。但是在德胜门箭楼空间中并没有人的活动。原本应该是主角的箭楼更像是一个背景。919路公交车站是地块中的活动场所。车站作为交通枢纽，具有很强的开放性和流动性。等候乘车的人和待发车上的人处于动态平衡之中。还有不少蹬着三轮车的流动小贩。这是因为等候人群具有潜在的商机，而地块内缺乏配套的服务设施。北侧的广场跨越护城河，将箭楼与更北面的城市绿地联系在一起。广场面积不小，宽度达30米，但是缺少座椅等供人停留休息的设施，完全变成了一片空旷场地，仅仅是一条很宽的人行通道。

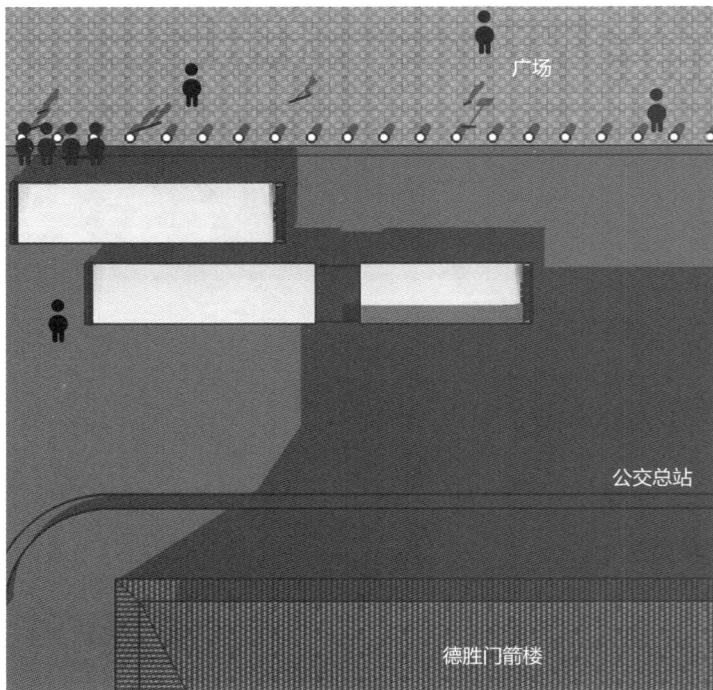
总平面图

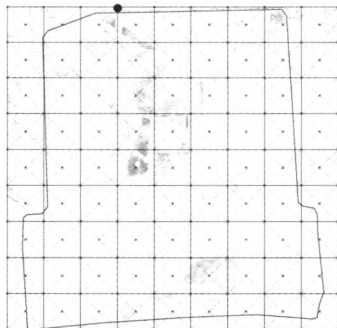
地块X4Y10区位图

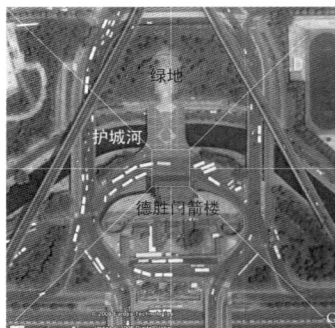
地块周围状况示意

空间体验：站牌上写着"919德胜门——八达岭"。在车站看见了919路，却听见售票员说："听好了啊，去昌平的"；"听好了啊，一站昌平的"；"919，南口的"；"919，去往延庆"……

每找到一辆车，都要问一句："是去长城的吗？"北京公交车的路线复杂程度远远超乎我的想象。后来查实，发现原来一个919路线，竟然有919班车、919大站·陕、919快、919路、919慢、919区、919支、919支1、919支1·快、919支2、919支3、919直·陕，它们的起点都在德胜门，终点却各有不同，让人望而生畏。难怪上了919路车却被告知此919非彼919的现象司空见惯。

线路复杂带来了更多的问题，许多旅游车也打着919的旗号，冒充公交车拉客人，等到乘客被骗上了车才发现旅游车不是单纯开到八达岭的，而是先去明十三陵蜡像馆，再去玉宝城，折回长城只留给乘客很短的时间，又去小人国，找一群不知道什么身份的医生给你把脉，要你买药。之后又去买果脯烤鸭之类，等最后到达定陵时间已经很晚。收费高不说，还强加给乘客很多额外服务。更有甚者，许多无照经营的黑车也打着919的旗号，冒充919公交，开着一些破车拉客载人。这类车安全没有保障，司机为了拉客往往开得飞快，而且有种种欺骗行为，例如说是到八达岭，但却把乘客拉到居庸关等等。德胜门919总站的混乱管理是造成这一系列问题的根本原因，对于919线路，有关部门应该予以重视，加强管理。

朱文一：公园对于当代城市如同珍稀动物般珍贵。公园作为城市中的公共空间，是一种绿色生态的、充满活力的、舒适宜人的城市广场公共空间。在某种意义上，公园是未来城市中的公共空间形态在当代城市中的缩影。地块X4'Y1'中，健身设施众乐乐，这本身预示着城市的健康与未来。

调研小组：魏钢（第五组：曹雯/魏钢/刘博）

地块信息：地块位于北京崇文区陶然亭公园东湖东岸绿地，隶属于北京市园林局。地块东侧为园内步行小径，路宽2米。西侧为硬质铺地的小型健身广场，上有户外健身设施8件。另有喷泉雕塑一座位于地块西侧，铺地上北侧有三个树池，种植有松树。小径和健身广场之间为绿地，植被丰富。地块东北角有一国槐古树，属于保护类古树，状况良好。

地块景观：地块内有白杨、国槐、桃树、油松、梧桐等树木，上有杜鹃、麻雀等鸟类出没，地面还有不少流浪猫。白色铸铁栏杆成为地块内的人工景观。

地块活动：根据2008年12月12日下午3点至4点观察，地块内绿地不准游人进入，因而活动都集中在健身广场。当日天气甚冷，锻炼的人并不是很多，1小时内前来锻炼的人数约为30人，另有2人经过，还有一位老人在树边做操锻炼。地块内东侧小径1小时内有24人经过。

地块特色：地块位于北京著名的陶然亭公园内，健身小广场有7种8件户外健身设备。虽然广场面积不大，但是很有活力和人气，在冬日依然有市民和游客来锻炼身体。人的活动基本都是围绕健身设备而展开。在此可以感受到北京闹市内的悠闲和安逸，不同年龄段的男女老少都各得其所，所谓"陶然众乐乐"。

总平面图

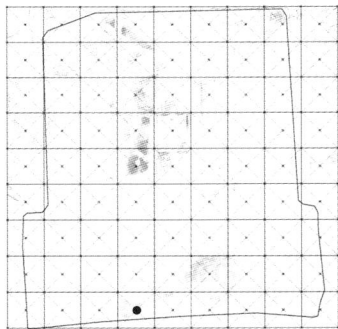

地块X4'Y1'区位图

地块周围状况示意

设备名称	功能介绍	实物照片	地块内位置	12月12日下午3点到4点间使用情况	
吊桩	市场价格：2628元 规格：3000×1100×2500 功能：提高身体平衡能力和协调能力、增强勇气			3:03-3:07一男童 3:08-3:10一男人 3:15-3:20二女孩 3:22-3:26一老人 3:40-3:46两老人和孙女 3:48-3:51一老人 3:55-3:57一女人和女儿	共11人使用 共45min
转体训练器	市场价格：1967元 规格：1480×1480×1370 功能：强肝健脾，调整人体内分泌，舒经活络。			3:20-3:22 一男人吊单杠 3:50-4:00 一老人扭腰	共2人使用，时间共12min
四联康复器	市场价格：2424元 规格：1600×1450×1875 功能：同时可供四人锻炼，具有扭腰，上肢康复等功能。			3:10-3:14 一女人锻炼 3:20-3:30 一老人使用	共2人使用，时间共14min
呼啦桥	市场价格：2714元 规格：3000×720×1320 功能：锻炼腰腹部肌肉，活动腰、髋、腿关节，提高身体平衡能力			西侧设备 3:40-3:42 两二童玩耍 东侧设备 始终无人使用	共2人使用，时间共4min 注：两台设备
滚筒	市场价格：1565元 规格：1000×500×150 功能：提高心肺功能，锻炼下肢灵活性，对减肥有特效。			无人使用	共0人使用，时间共0min
三人转腰	市场价格：1408元 规格：1000×1000×1300 功能：拽动两肋少阳经，强肝健脾，可防肝、胆疾病，圆形踏板上的凸起部分有按摩足下穴位之功效			3:03-3:15一老者 3:15-3:21一男人和孙子 3:24-3:30两老人和孙女 3:40-3:44一女人 3:46-3:48两男童 3:50-3:52一男人 3:55-4:00一男人	共10人使用时间共51min
太空球	市场价格：5500元 规格：5500×1500×5500 功能：结构合理强度大，可供多人攀爬，健身和攀爬能力训练效果好。			3:20-3:22 一老者压腿 3:30-4:00 两女孩坐上面聊天 3:44-3:50 一男童游玩	共4人使用时间共38min

微距北京旧城

朱文一：中学是城市中必不可少的功能。以城市空间的角度来看，中学的操场可以看成是一种半公共空间。在高密度的城市中心区地块 X4'Y3'中，高效率的操场作为半公共空间不仅为特定的人群提供了活动场所，也在一定程度上舒缓了城市高密度区的拥挤感。

调研小组：钟庆发（第三组：李煜/史夏瑶/钟庆发）

地块信息：地块位于广渠门中学校园的操场上。中学位于东花市里，白桥大街西边。

地块景观：地块内的足球场时而严肃、时而热闹。

地块活动：根据2008年11月18日下午1:45至3:05观察，地块中活动总人数为58人，其中有56名学生和2名教练。场上有高一班和初中班。活动包括热身、拉筋、跑步、踢足球、打羽毛球、踢毽子和谈天。

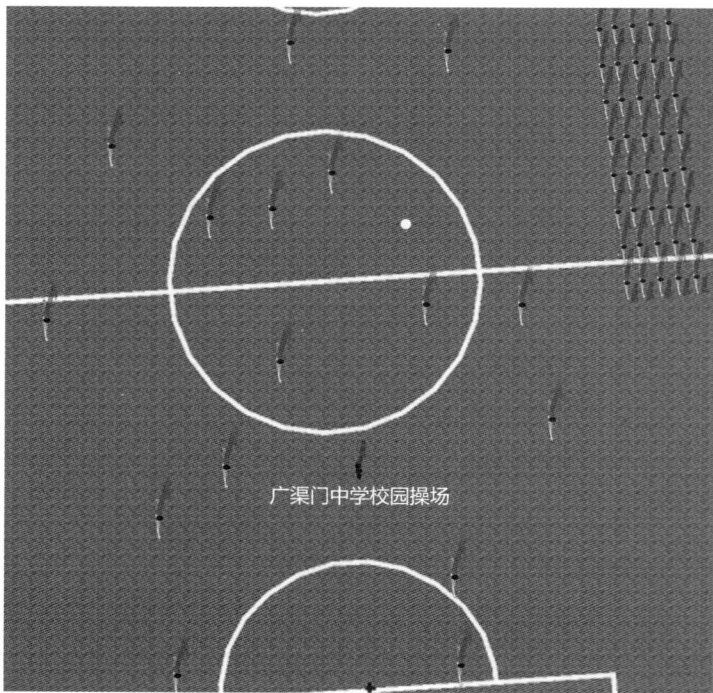

广渠门中学校园操场

总平面图

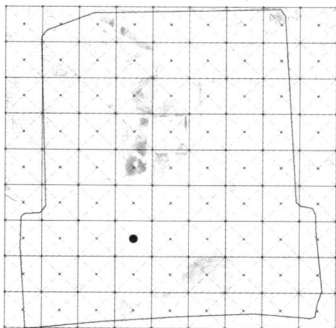

地块X4'Y3'区位图

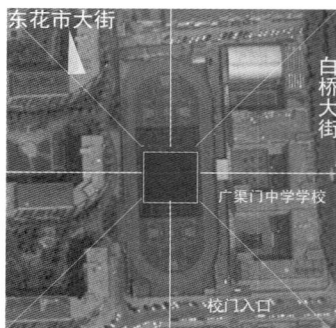

东花市大街

白桥大街

广渠门中学学校

校门入口

地块周围状况示意

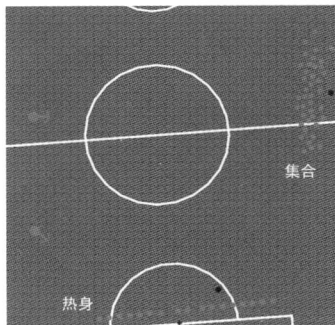

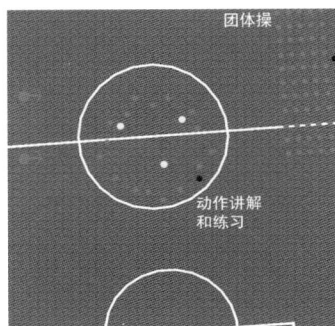

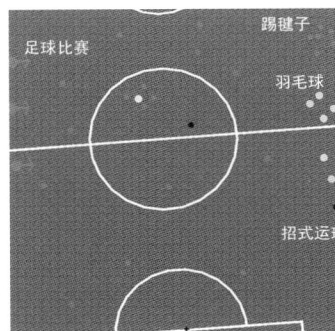

活动记录：足球场上，两班学生同时在地块上出现：一是高一班的16名男学生，在地块南边排成一排；另一班是初中同学，男女混合。在地块的东北角排成一排的高中班学生在做大腿及小腿拉筋动作，有的在交头接耳。初中班学生在跑了数圈后到操场集合。

随后可以看到，高中班学生围成一圈，练习基本足球动作，教练不停高喊注意事项。东边初中班学生也排成整齐方格队形，根据教练口号做热身动作，如太阳操、拉腿筋、跳跃、肩膀舒缓动作等。两班教练严厉的喊话使操场变得安静和有序。

15分钟后的自由活动使操场忽然热闹起来，学生的活动空间顿时蔓延至整个操场。高中班同学练完基本动作就开始分成两队对决，各队分成前锋、中场、防守、守门，教练则成为裁判兼指导。

初中班也分成几个小组进行各自喜好的运动。一部分学生跑步、打篮球或排球；留在操场上的学生有踢毽子的、打羽毛球的，以及与初中班教练切磋足球招式的。学生的喧哗声让操场恢复了应有的活力和无拘无束的氛围。

微距北京旧城

朱文一：在保护完好的旧城区，机动车交通往往变成一个棘手的问题。在满足日常生活所需和保持旧城空间氛围之间，控制机动车数量是关键。这需要在更大规模的范围内统筹机动车交通规划，结合交通管制措施，提出综合的解决方案。问题总是能解决的，所谓"魔高一尺，道高一丈"。

调研小组：罗晶（第二组：罗晶/闫晋波/邱惠国）

地块信息：地块位于北京西城区，鼓楼西大街与甘露胡同的交汇处，包括城市次级道路鼓楼西大街，甘露胡同东北部以及新开胡同西南口。

地块景观：地块内有5棵国槐，高度约15米。设施有一个分类垃圾桶，两台路边公用电话，一红一蓝两个指示胡同名称的标志牌，一个斑马线标志牌，一个禁行标志牌，一个"新开钟楼招待所"的指示牌，两处道路排水井盖。西南侧人行道有一个约10米高的路灯。路西南有一个下水管网井盖。

地块活动：根据2008年11月29日上午9:30至9:40观察，地块中活动总人数58人，有行人46人，其中26名男性，20名女性；走入餐馆的4人，停留于街边卖早餐的3人，清洁工人2人，另有3个小男孩在地块内打闹嬉戏。地块上活动的人主要为附近居民。地块内有147辆机动车经过，其中有普通机动车138辆，公共汽车1辆，警车1辆；有3辆机动车停放在人行道上，1辆机动车停放在车行道上。另有24辆自行车经过地块。由于鼓楼西大街只有两条车行道，而占道停车情况普遍，自行车与机动车混行，且有占道超车的现象。行人和自行车过街的安全令人堪忧。

地块建筑：地块内建筑沿街面为个体店铺，后面为住宅。建筑多为1~2层的坡屋顶传统四合院建筑，沿街面为加建的平房。

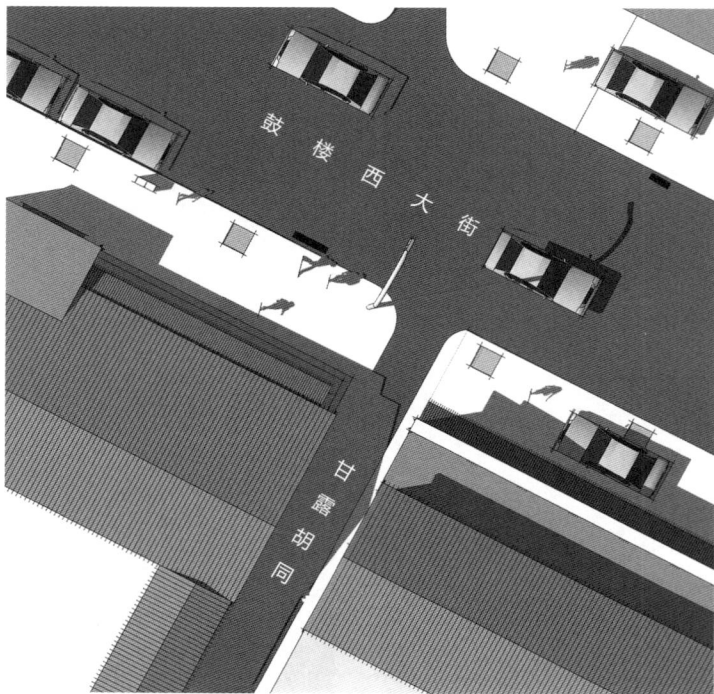

总平面图

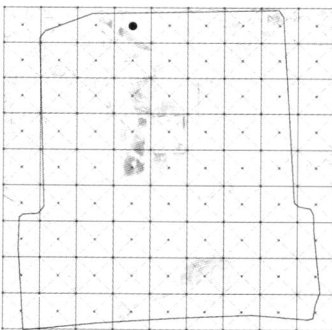

地块X4'Y9'区位图

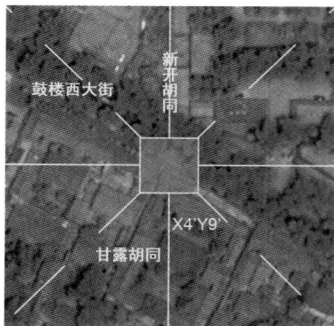

地块周围状况示意

微距北京旧城

朱文一：城市中，总有一些难于准确定位、处于尴尬状况的空间。地块X5Y5处在人民大会堂西门和国家大剧院之间，通过式步行道的定位让这处设计完整的环境使用效率低；而宽阔的步行空间又使人感到尺度过大，缺乏亲切感。于是，这里便成了一处"囧"空间。

调研小组：安玛丽（第一组：易灵洁/安玛丽/康惠丹）

地块信息：地块位于大民大会堂西路和国家大剧院之间。地块内为景观步行道。

地块景观：地块由三部分组成，西侧为人行道，中间为绿带，东面为人行铺地。绿带上有7棵成列种植的树木。

地块活动：根据2008年12月4日下午3:50至4:10观察，地块内共有22人经过，其中包括1名女商贩。西侧和东侧行人数量相同。

景观步行道

总平面图

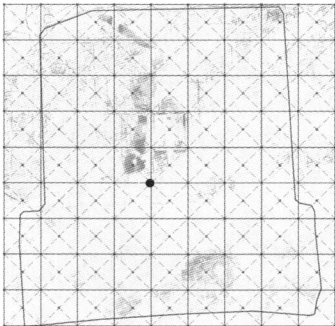

地块X5Y5区位图

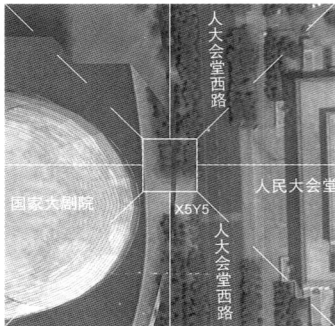

地块周围状况示意

微距北京旧城

朱文一：城市中存在一些神秘的、不为人知的地方。这些地方在总体规划图中表现为特殊用地，而在现实中则多以数字命名的方式存在。脱离了内容的数字令人无限遐想，而体现出神秘的特征。在这种情形之下，城市空间被划分为神秘的和暴露的两类。

调研小组：郭晓盼（第七组：郭晓盼/金世中/黄文镐/姚涵）

地块信息：地块位于北京西城区，西临中南海东临紫禁城，南临西长安街，南长街贯穿其中。地块内包括：五环天安照相馆、泽园酒家、南长街24号、南长街、中南海外围墙。

地块景观：地块内有6棵国槐和1个树桩。

地块活动：根据2008年11月13日下午1:10至2:10观察，地块内有36人，15辆自行车，9辆三轮车，共有77辆机动车经过，其中有22辆出租车，9辆大巴车，12辆中巴车，34辆私家车。地块内行人和机动车流量较大，原因是地块位于故宫的西华门外，有大量游客在此出入，有乘坐5路公交车的，还有穿过地块到天安门西乘坐地铁的，以及等候出租车的。在南长街24号建材加工厂，采访40岁左右男性场地负责人和60岁左右女性门卫。在院中拍照时，遭到场地负责人凶神恶煞般地驱逐，以及门卫假装同情地劝说。

地块建筑：地块内两层建筑照相馆为20世纪80年代水泥建筑，其余的都为老四合院遗留的部分房屋。与南长街西侧中南海内的四合院相比，南长街东侧年久失修的传统民居显得破旧沧桑。尤其是24号院内，用于工人休息的3间瓦房，有随时倒塌的危险。工厂内施工的噪音、建材原料扬起的灰尘、杂乱堆放的工具和废料等被围墙以及围墙外的车水马龙掩盖。以巍峨的故宫建筑做背景，地块犹如风水宝地中的废墟。

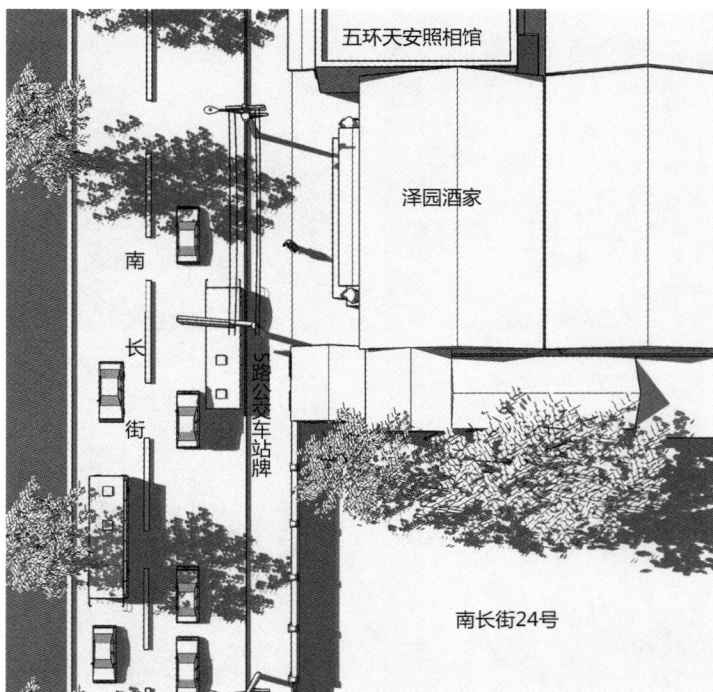

总平面图

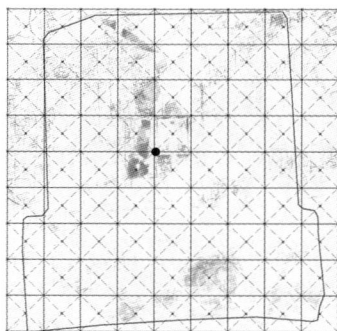

地块X5Y6区位图

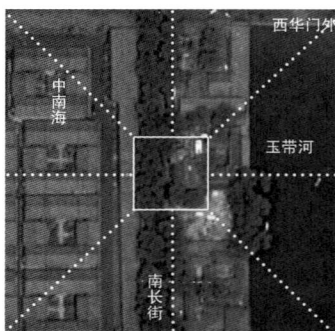

地块周围状况示意

微距北京旧城

朱文一：气候往往是城市户外空间
使用效率的决定因素。对于北方的
城市，冬季的户外空间使用效率大
大降低。但这并不是说除了冰雪等
活动之外，其他户外活动都消失
了。地块X5Y8中，一位持念珠诵经
的市民端坐在北海公园寒冷的冰面
前，向人们展示反季节的活动，其
实也是常态。冬季，变成了"大约
在冬季"。

调研小组：史夏瑶（第三组：李煜/史
夏瑶/钟庆发）
地块信息：地块位于北海公园北门南
侧，主要部分为公园铺地和湖面；东
侧为北海幼儿园，北侧为北海北门。
地块景观：地块上的植物为三棵加
杨，树高约25米，胸径约80厘米。地
块中的水面已完全结冰。
地块活动：调研期间，只看见1个正在
持念珠诵经的人。

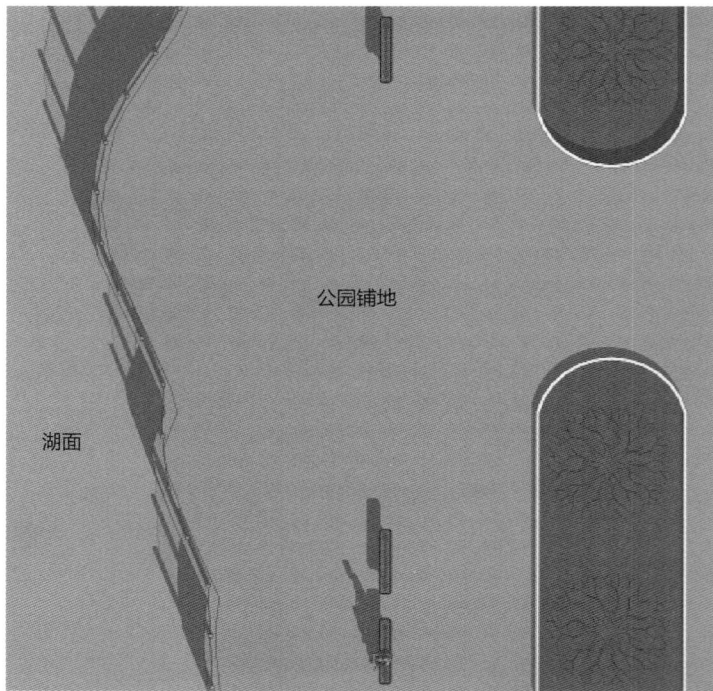

总平面图

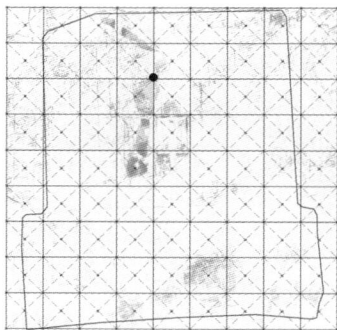

地块X5Y8区位图

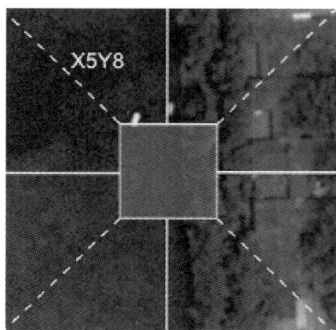

地块周围状况示意

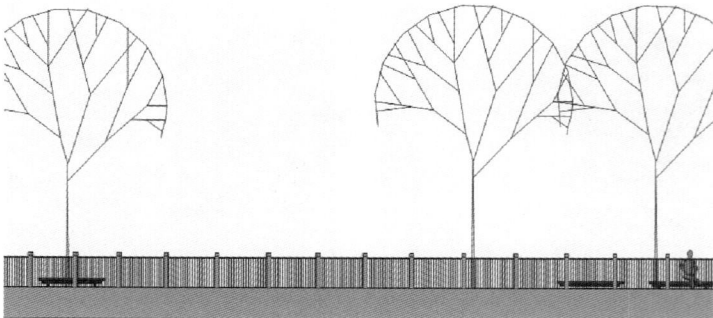

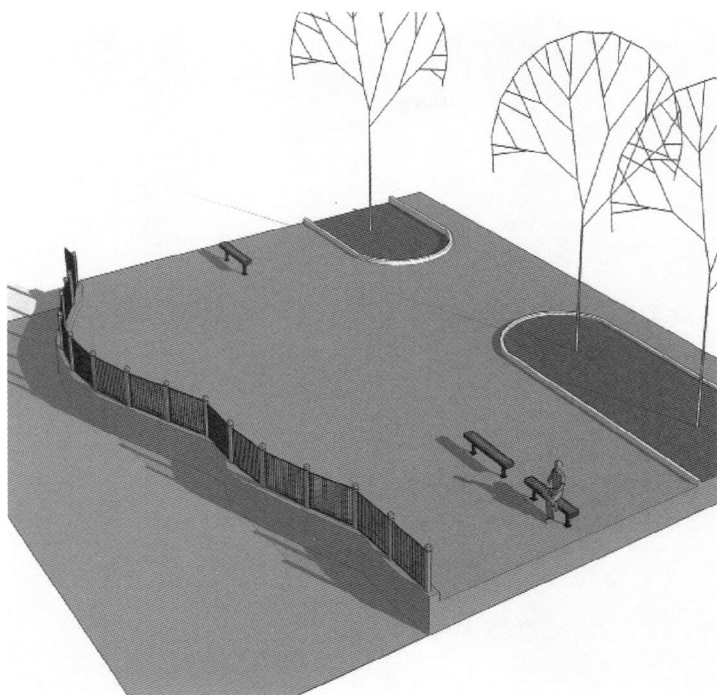

微距北京旧城

朱文一：地块X5'Y3'中遍地垃圾的场景，让人想到了秩序的反义词"无序"一词；进一步让人联想到热力学中的"熵"概念。也许一夜之间就可以拆掉一栋房子，但要建起一栋房子，则需要大量的人力物力投入。因此，从尽可能减少能量耗费的角度来看，"推倒重来"不是一种好的选择。请珍惜既有的"有序"。

调研小组：钟庆发（第三组：李煜/史夏瑶/钟庆发）

地块信息：地块位于宣武区珠市口西大街北边，甘井胡同和珠宝大街的交汇处。现状为铝片墙围合的施工工地。进入地块的唯一入口位于西北方向。

地块景观：由于地块正在拆迁改造，除了一栋保留下来的建筑之外，地块上野草丛生，垃圾和丢弃的建筑材料随处可见。地块大致由三部分组成，西北角有红砖旧房子，中间部分是拆迁工人临时住房，南边有一处带庭院的红砖砌成的欧式建筑。这座3层楼古典建筑现为"甘井胡同合家园宾馆"，看样子会是下一个拆迁的对象。

地块活动：根据2008年11月18日下午1:45至3:05观察，地块中有两名工人走过。2:30分，其中一名工人大声怒骂，一直大力挥动手上的锄头，做出愤怒的举动；另一个则加快脚步离开。据25岁的黄先生说，煤市街改造计划展开前，地块所在地是一处后院，他小时候常到这里玩。这说明以前这里是一处社区公共空间。

地块建筑：红砖建成的3层楼房子立面带有拱形的窗口，还有户外铁楼梯。从外表看，这是后来加上的。建筑没有明显的特色。

总平面图

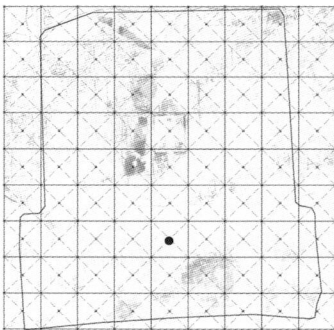
地块X5'Y3'区位图

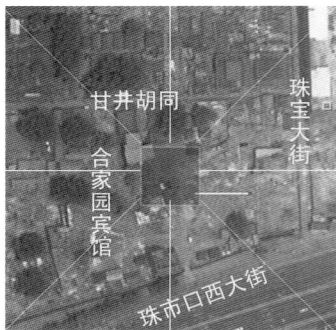
地块周围状况示意

珍惜既有的 "有序"
X5'Y3'

地块上的垃圾：地块上的垃圾可以分为以下几种：一是红砖、百年灰瓦、灰砖、灰色铺地、瓷砖等古典建筑的构件；二是木横梁钉子、现代屋顶瓦片、油漆和绿色尼龙网等等简便建筑材料；三是黑色布鞋、牙刷、水桶、米袋、红袜子和混泥槽等日常生活用品。甘井胡同的建筑碎片、工人住所及其生活的痕迹、杂草丛生的场景等等历史层叠述说着不同年代的故事，见证了胡同生活的逐步消失。

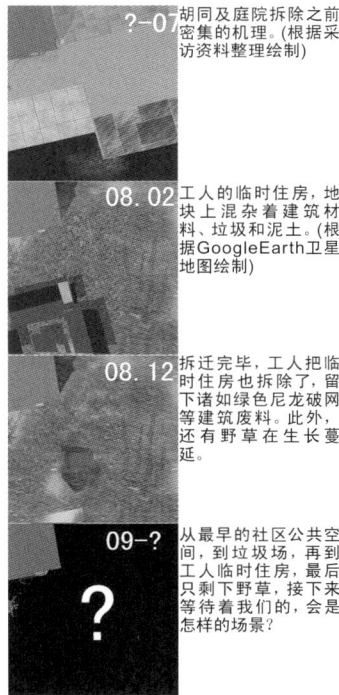

?-07 胡同及庭院拆除之前密集的机理。(根据采访资料整理绘制)

08.02 工人的临时住房，地块上混杂着建筑材料、垃圾和泥土。(根据GoogleEarth卫星地图绘制)

08.12 拆迁完毕，工人把临时住房也拆除了，留下诸如绿色尼龙破网等建筑废料。此外，还有野草在生长蔓延。

09-? 从最早的社区公共空间，到垃圾场，再到工人临时住房，最后只剩下野草，接下来等待着我们的，会是怎样的场景？

微距北京旧城

朱文一：天安门广场是世界上最大的城市广场。对这一城市设计的杰作，已经有多方面的分析和论述。但对广场上人的活动的分析和研究则鲜有。地块X5'Y4'展示了广场西南侧的活动状况：既满足了市民和游客的日常行为需求，又保持了广场的宏大和庄重氛围。

调研小组：李华（第四组：李华/王舸/陈国民/黄瑞林）
地块信息：地块位于毛主席纪念堂南侧，天安门广场最南端的偏西部分，包括一小部分的正阳门，其余均为广场和花坛。
地块景观：地块内的景观是正阳门及其西侧加建的售票处。正阳门青砖立面采用的是12厘米厚的老砖。
地块活动：根据2008年12月1日下午1:55至2:25观察，该地块由于紧邻天安门广场，而具有特殊的场景。人的活动可以分为一般行人和工作人员，包括巡查卫兵、警察以及门票售票员和环卫人员等。一般行人以外地游客为主，部分为附近场地上的工人。从观察可以看出，沿东西方向活动的人数明显高于南北方向的人数。这主要是由于正阳门的阻隔和地道出口的引导而造成的。除了穿行以外，另一个重要活动是拍照。由于在地块内能获得拍摄正阳门的较好角度，有不少行人停留拍照。相比一般行人，巡查人员的行动具有一定的规律性。地块范围内的8名卫兵和警察始终保持着高度警惕的状态。一旦有行人停止不动，他们就会上前询问。售票处内有一男（经理）二女，室外有二男。他们的工作是卖正阳门门票，并做长城和十三陵旅游的生意。他们对停止不动的人同样保持着好奇。在观察时段短短的半个小时内，有两名环卫工人出现，其中有一人骑着三轮车收集墙根处有高差变化地方的垃圾。

总平面图

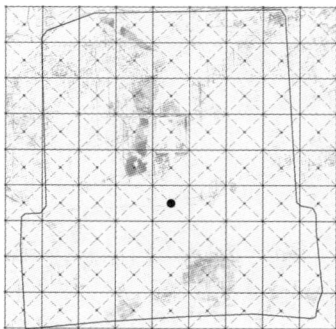

地块X5'Y4'区位图

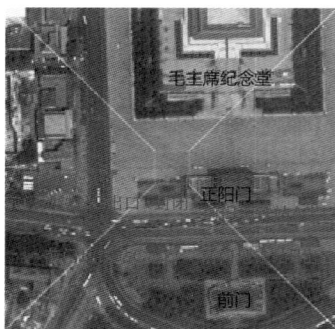

地块周围状况示意

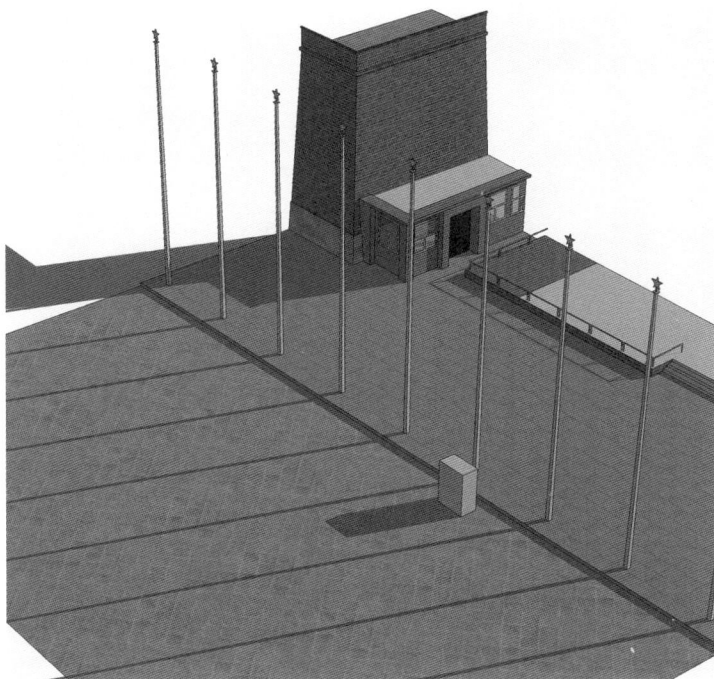

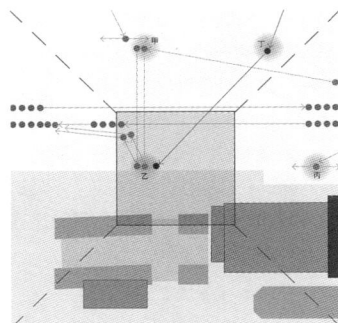

观察一：卫兵和警察的巡查行为

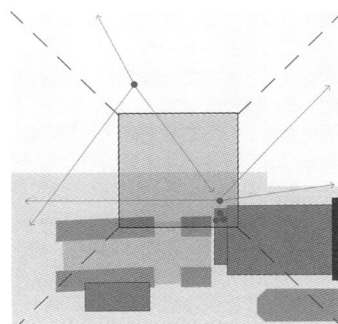

观察二：售票处以及相关人员的兜售行为

微距北京旧城

朱文一：排队是参观诸如世界文化遗产等景点的一部分。排队对应的等候空间，其设计要兼顾节日和平常两种状况。地块X5'Y5'地处世界文化遗产中，大量的栏杆保证了节日人满为患时游客的有序组织；而忽略了平常时段等候空间的人性化需求，导致游客无处可坐的尴尬局面。

调研小组：曹雯（第五组：曹雯/魏钢/刘博）

地块信息：地块位于北京天安门城楼北侧，端门城楼南侧偏西。地块分为东西两个部分，中间由栏杆隔开。西侧属于天安门地区管理委员会单位用地，为管理委员会用房前广场；北侧用于单位停车；南侧有一个单位用篮球场。东侧偏北为端门前广场，公共空间属性，供来往游人活动，偏南有一个小型建筑，为天安门城楼售票处，购票之后的游人可从建筑西侧栏杆围挡形成的通道经安检登城楼参观。

地块景观：地块内全部铺灰色地砖。但东西两侧地砖的磨损程度不同。由于人流量的巨大差异，东侧较西侧磨损严重得多。地块内有1个北京市自来水公司的井盖。

地块活动：地块中共有247人活动。其中，工作人员8人，保洁员1人，登城楼参观的游客193人，休息的游客45人。地块本来是开放空间的一部分，但是由于权属、使用等多方面原因，原本自由的活动空间被分割成了具有明显限定的空间形式，人的活动路线被强制性地约束在一定范围内。地块缺乏供人休息的设施，人们只能倚靠栏杆休息。原本只是起分隔作用的栏杆现在成为了承载活动的重要依靠，除了登城楼等固定行为模式的参观者有自己的活动路线，其他的活动几乎全部发生在栏杆上。不到5cm宽的栏杆扶手被挖掘出座椅、靠垫、桌子等多种功能。

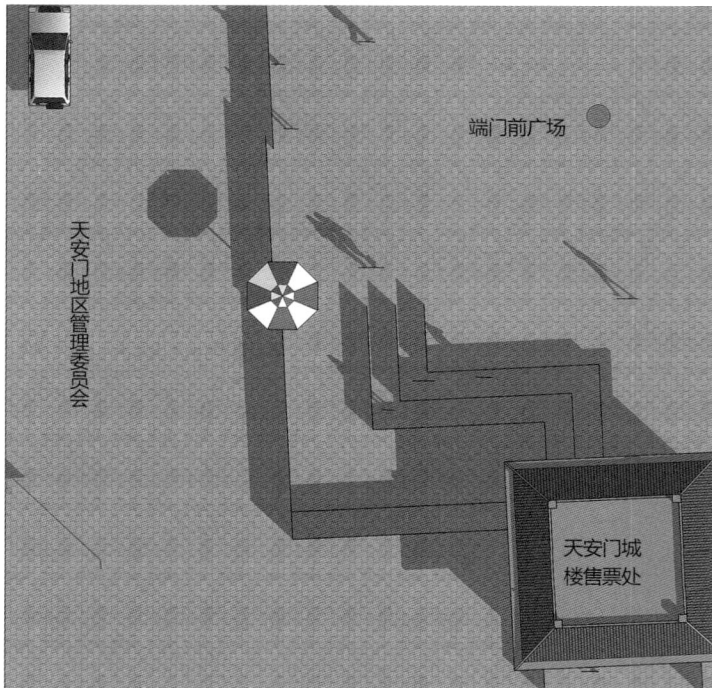

总平面图

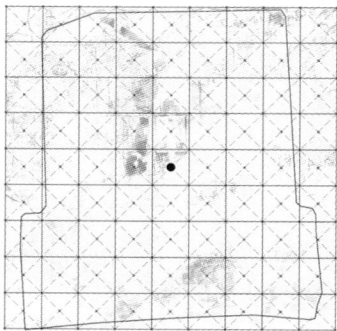

地块X5'Y5'区位图

地块周围状况示意

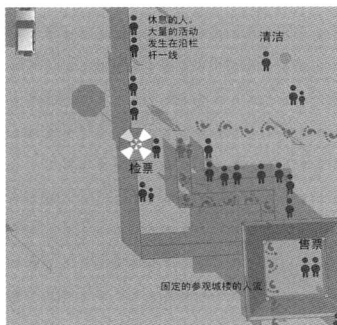

微距北京旧城

朱文一：紫禁城，这座世界上现存的最大的宫殿建筑群，是北京旧城的心脏。如何让这样的人类文化的瑰宝世世代代延续下去，是当代人的责任。

调研小组：安玛丽（第一组：易灵洁/安玛丽/康惠丹）

地块信息：地块位于世界文化遗产故宫北部的保和殿，包括部分保和殿、基座及混凝土栏杆。保和殿是著名的旅游景点，参观门票为40元。

地块景观：基座位于三层大理石平台上，是一处开放的空间。平台东南方有一个青铜瓮，东北方有一些供游客休息的长凳和一个垃圾桶。除此之外，地块内还有一个灭火器和景点介绍牌。

地块活动：根据2008年11月27日下午2点20分至2点40分观察可以得知，此时间段内游客量不大，一般快闭馆时游客量会剧增。五湖四海、男女老少的游客络绎不绝，有的聊天拍照，有的观摩殿内陈设，有的触摸墙上的青铜装饰，有的则在长凳上休息或在大理石平台附近闲逛。

地块建筑：保和殿及其基座是典型的明代建筑。紫禁城的建筑体系，无论在空间的规划还是设计方面，都是现存的中国建筑完美意象的案例，而其丰富的历史，让精彩的建筑更加独具魅力。

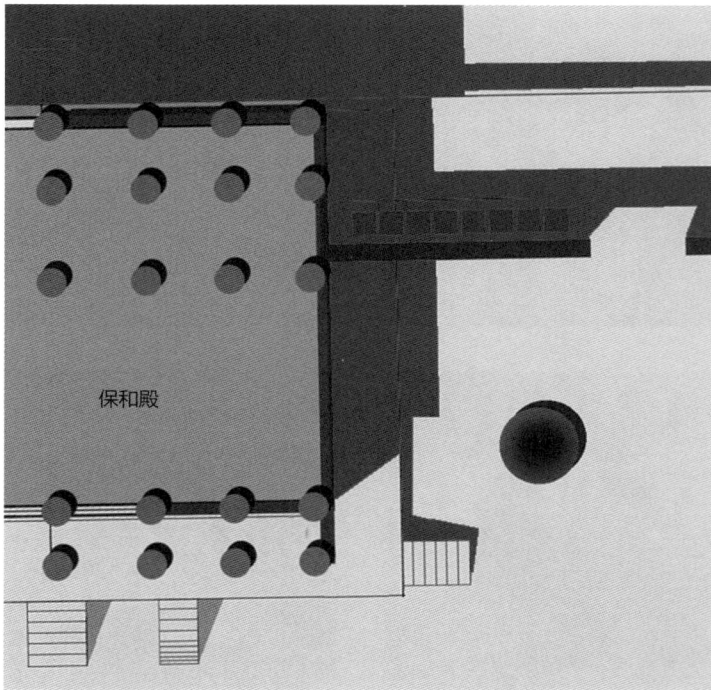

保和殿

总平面图

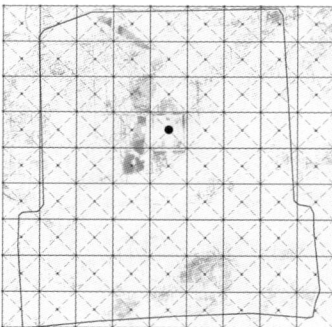

地块X5'Y6'区位图

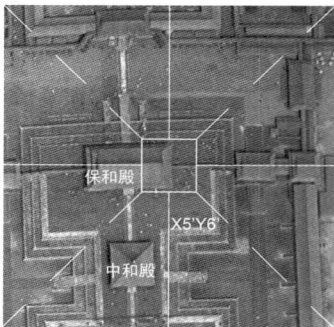

保和殿

X5'Y6'

中和殿

地块周围状况示意

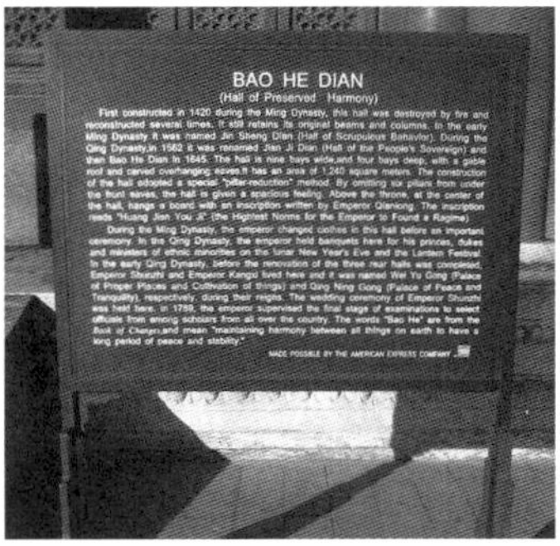
BAO HE DIAN
(Hall of Preserved Harmony)

灭火器箱
FIRE EXTINGUISHER BOX
119
FIRE-ALARM
故宫专用

微距北京旧城

朱文一：文物建筑如何适应当代生活的需求，是一项长期的研究课题。开放更多的文物建筑，转变其原有的私密功能，使之成为市民和游客共享的公共场所，是文物建筑利用的发展趋向。地块X5'Y7'中的文物建筑现为北京市少年宫，儿童能够在文物建筑中感受中华文明。这不失为文物建筑保护的案例。

调研小组：闫晋波（第二组：罗晶/闫晋波/邱惠国）

地块信息：地块位于北京市少年宫内，隶属于北京市教育委员会。少年宫坐落在风景秀丽的景山公园内，占地5万平方米，建筑面积1.5万平方米。这座古建筑群原是皇家禁园，1954年被辟为北京市少年儿童校外活动场所。

地块建筑：地块内有寿皇殿东配殿，面阔5间，进深1间；建筑形式为黄琉璃筒瓦歇山顶，四周带廊，重昂五踩斗拱，旋子彩画。该建筑现为少年宫舞蹈室。

地块景观：地块内有银杏4株，桧柏3株。

地块活动：调研时没有人在舞蹈室上课。一群孩子由东院从这里经过，走向出口，与等候的家长欢聚。其间有人经过这里去地块外的厕所。地块内活动人数为29人，其中经过行人24人，等候家长3人，另有2个孩子在玩土。地块内能听到琴声和童声合唱的声音；而四周建筑华美庄重，在苍翠松柏的映衬下，突显皇家宫苑的气派。

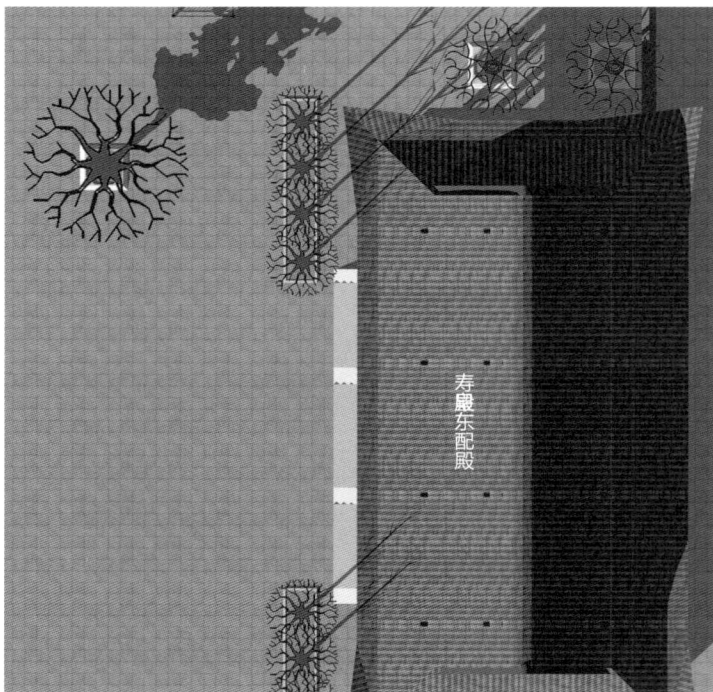

寿皇殿东配殿

总平面图

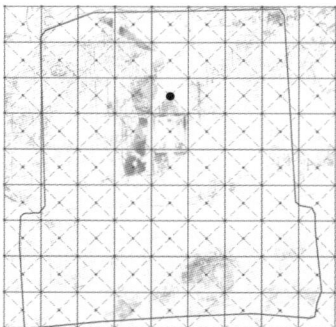

地块X5'Y7'区位图

寿皇殿
北京市少年宫

地块周围状况示意

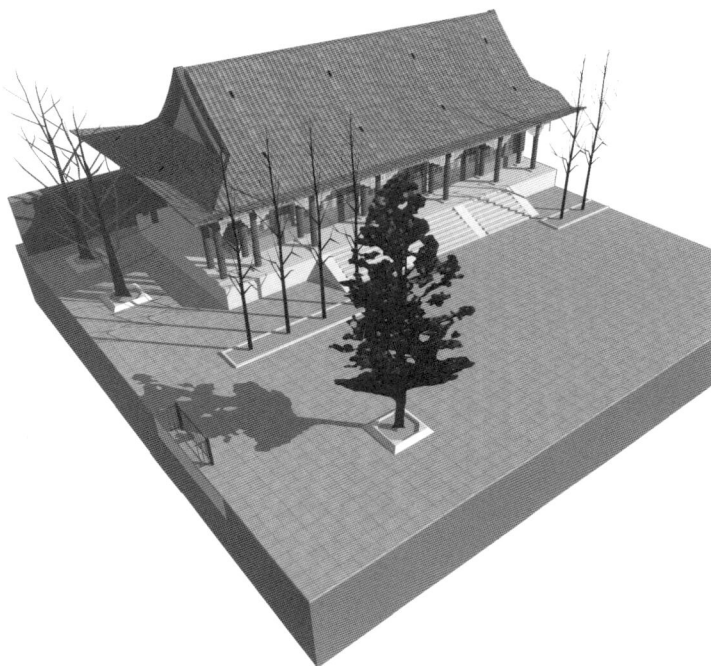

微距北京旧城

朱文一：运送垃圾是城市中每时每刻都在发生的事情。这是保证城市正常运转所必需的环节。从城市空间的角度来看，使运送垃圾的设备及过程变得优雅并具观赏性，对城市空间品质的提高有着积极的作用。

调研小组：刘利（第六组：刘利/石炀/潘睿）

地块信息：地块位于帽儿胡同，属北京市东城区交道口街道，东起南锣鼓巷，西至地安门外大街，北与豆角胡同相通，南与东不压桥胡同相通。

地块历史：明代称帽儿胡同为梓潼庙文昌宫胡同，因有文昌宫而得名。清代因有制帽作坊，改称帽儿胡同。帽儿胡同45号院原为清代提督衙门。

地块景观：地块内有一棵百年大槐树以及呈带状分散布置的绿篱。还有一处垃圾集中收集处理点以及几只宠物。根据估算，地块内居住面积占百分之三十，道路面积占百分之四十，临时建筑占百分之三十。道路宽约65米。

地块活动：清洁工是本地块最大人流，占总数的三分之一左右。其他人流有市政工人、外地民工、学生和本地居民等。路过的人有步行、骑自行车、骑人力三轮车以及乘坐小轿车等。在此停留的主要是清洁工。地块内商业气氛冷清。

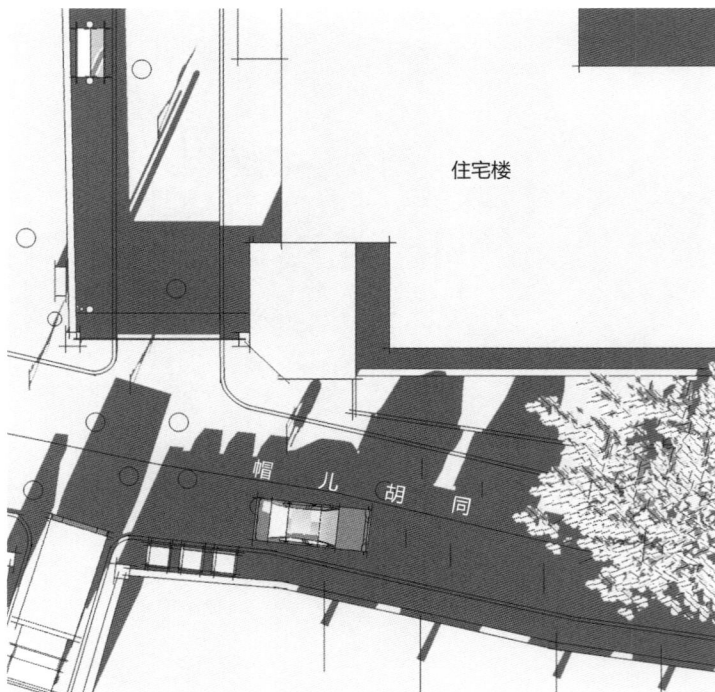

住宅楼

帽 儿 胡 同

总平面图

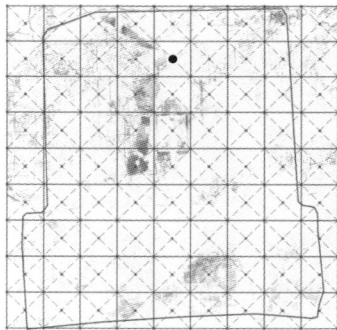

地块X5'Y8'区位图

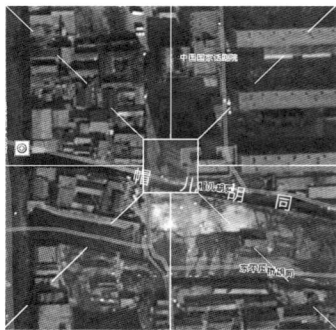

地块周围状况示意

96

微距北京旧城

朱文一：城市中有各种各样的功能空间。每一种功能空间都需要其对应的支撑空间，这样才能保证功能的正常运转。而一般的空间设计或空间安排中，往往只关注功能空间，而因为丑陋的原因忽略其背后所必需的支撑空间。所谓杂院，堆放杂物的院子，就是因为缺乏足够的支撑空间而产生的。

调研小组：易灵洁（第一组：易灵洁/安玛丽/康惠丹）

地块信息：地块位于北京东城区鼓楼赵府街东侧，国祥胡同与国兴胡同之间。

地块景观：地块可明确分为两部分，其一是大院，其二是杂院；以赵府街20号中南栋建筑的南边外墙为界，两侧景观迥异。大院安静整洁、井井有条；杂院虽拥挤破败，但尺度宜人。

地块活动：大院内人的活动：根据2008年11月15日下午2:30至2:40观察，除了2名保安，室外无其他人流活动。通过10分钟的观察，可以画出一名保安的活动路径，图中黑点越大说明停留时间越长。杂院内人的活动：根据2008年11月15日下午3:00至3:10观察，人多在室内活动，巷内可隐约听见电视声和说话声。室外表现为"住户→胡同口公共卫生间"的高频流线。通过在B点10分钟的观察和询问，得知狭窄的胡同两侧竟住有7户人家；邻居之间的情况都非常了解，互相照应。

地块建筑：大院建筑为二层砖混结构，灰色涂料饰面；体型呆板，落水管室外机等设备外露，局部立面用白色水泥带装饰。总体上看，大院的建筑质量良好。杂院为红砖砌筑的一层平房，北侧依托大院建筑外墙，工具、自行车、蜂窝煤等随处堆放。房屋高低错落形成的小空间也被用来晾晒衣物；尽管空间拥挤杂乱，但亲切静谧，生活气息浓厚。

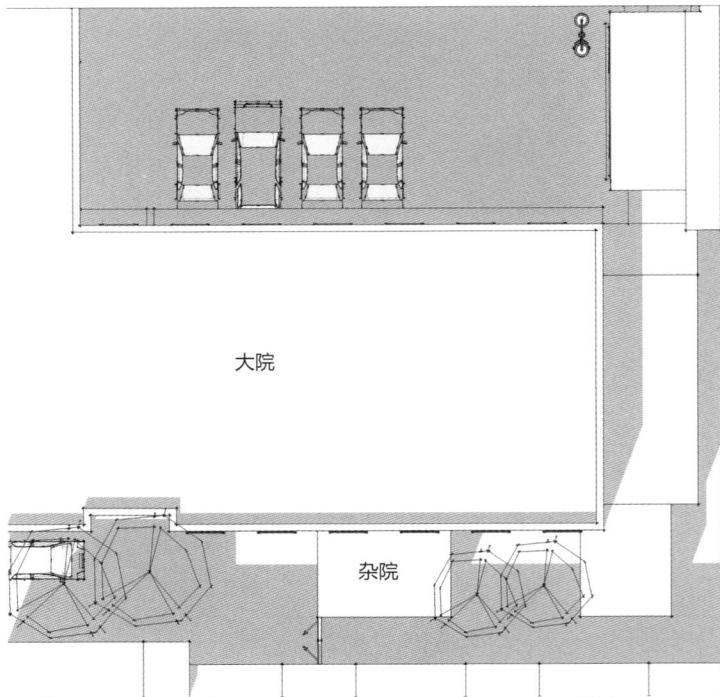

大院

杂院

总平面图

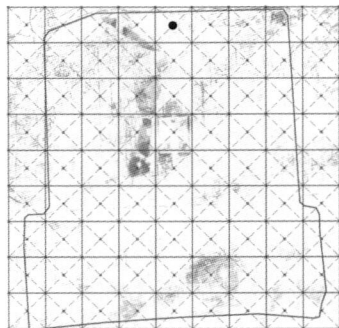

地块X5'Y9'区位图

地块周围状况示意

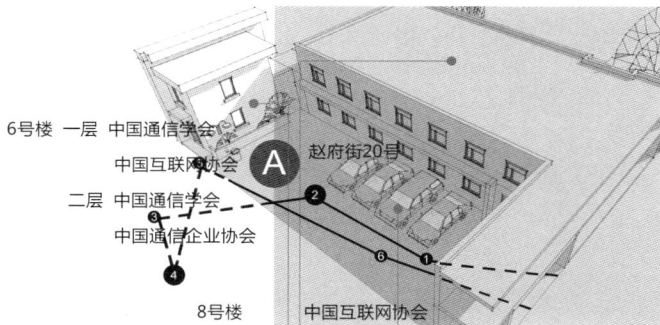

6号楼 一层 中国通信学会
中国互联网协会
赵府街20号
二层 中国通信学会
中国通信企业协会
8号楼
中国互联网协会

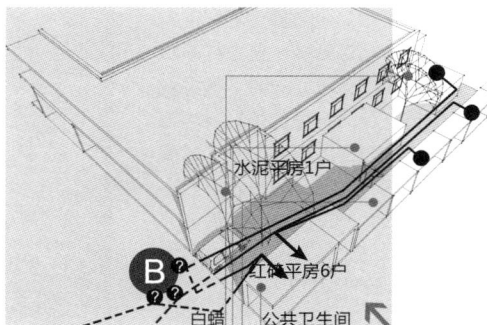

水泥平房1户
江湖平房6户
百蜡 公共卫生间

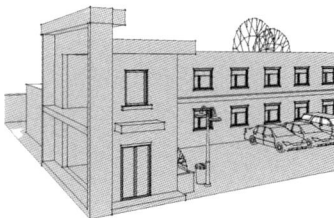

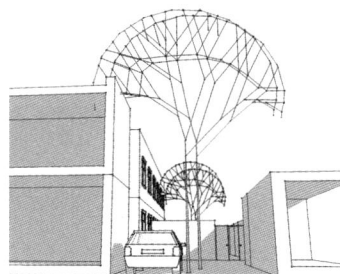

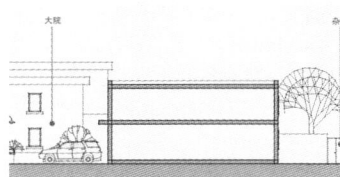

99

微距北京旧城

朱文一：从1911年推翻帝制、走向共和以来，北京旧城一直处在不断开放的过程中。与此同时，各种各样的单位，包括新建的建筑及建筑群，以其相对封闭的形态固守着自己的小天地。让更多的单位开放，创造更多的公共空间，进而形成北京旧城整体的公共空间体系，恐怕还需要很长的时间。

调研小组：史夏瑶（第三组：李煜/史夏瑶/钟庆发）

地块信息：地块位于天坛公园外坛西北角处，左边似乎为消防部队训练场所，右侧为实验用地，具体实验用途不明，看现状也为效仿效果实验用地。主要内容为树阵和篮球场。

地块景观：地块上的植物主要为树阵园柏，胸径大多在20～30厘米，高约10米。

地块活动：该地块基本无人活动，紧邻地段的天坛外墙墙根处有三中年男子晒太阳聊天。这个地块完全位于天坛外坛内，也同时完全位于某部委电台用地范围内。像这样的占用情况在天坛及北京的其他文保单位是比较常见的。仅天坛就被占用将近4公顷的土地。而这些单位虽然被多次劝告搬迁，但迟迟没有下文。这些占用现象属于历史遗留问题，也就是说，是"合法"占用。这也算是世界文化遗产中一道独特的风景线吧。

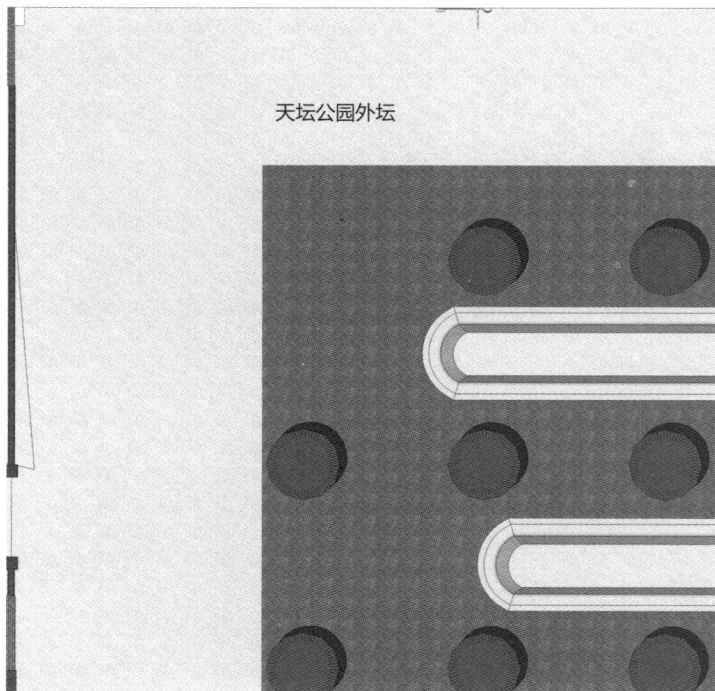

天坛公园外坛

总平面图

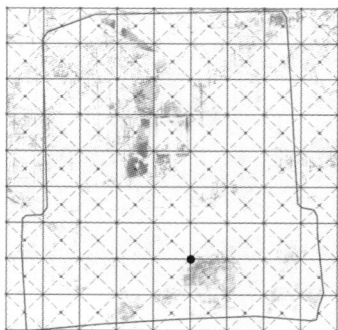

地块X6Y3区位图

X6Y3

天坛公园外坛

地块周围状况示意

微距北京旧城

朱文一：北京旧城中的建筑，古今中外，无奇不有、无所不包。在北京旧城，除了体现中国传统建筑精华的世界文化遗产外，还可以看到诸多保存完好的近现代优秀历史建筑。兼容并蓄、和而不同，体现了北京旧城空间形态的特色。这恐怕也是北京城千年古都延续至今仍具活力的原因之一吧。

调研小组：安玛丽（第一组：易灵洁/安玛丽/康惠丹）

地块信息：地块位于南池子大街，西侧有一个小商店和一栋四层高的画廊，其后是低层住宅楼，但无法进入调研。

地块景观：南池子大街两侧的人行道上各有4棵行道树。小超市的屋顶平台有一些盆栽。西侧是南池子大街架空交通标志、北向交通灯及南池子大街的路牌。

地块活动：根据2008年11月17日下午2点至2点10分观察，南池子大街经过行人34人，通过自行车36辆，出租车31辆，机动车28辆。南池子大街大部分的人流和车流方向都是自北向南，一些来自紫禁城附近的东华门大街。虽然盛世今来画廊是历史建筑，却没有路人驻足细看。骑车到商店的人都把自行车停放在人行道上，杂货店的一位女店员把一桶水倒在了街上。南池子大街充满了活力。

地块建筑：南池子大街西侧的盛世今来画廊是一栋高约5米，总面积约440平方米的低层建筑。这座建筑的表皮是粉刷的混凝土墙，上面装了若干玻璃板。屋顶是传统的灰色屋面瓦。建筑表面印有标识。盛世今来画廊是一座带有阳台的4层建筑，立面是灰砖和石刻装饰以及雕花铁艺。主入口则在一个拱门中。画廊包括3个展区，一个礼品店以及位于4楼的贵宾室。低层住宅楼采用红灰色砖瓦作为立面，采用中国传统的瓦作为屋面，窗户均朝街或朝院。

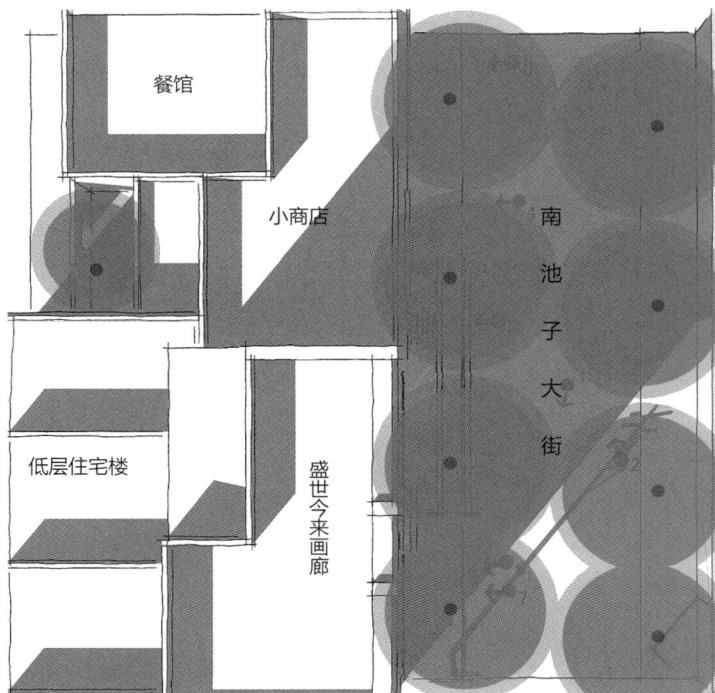

总平面图

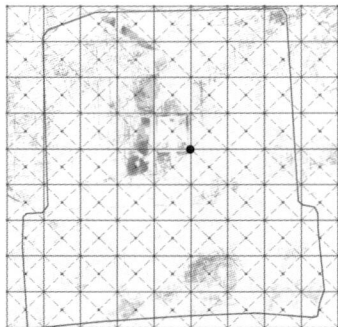

地块X6Y6区位图

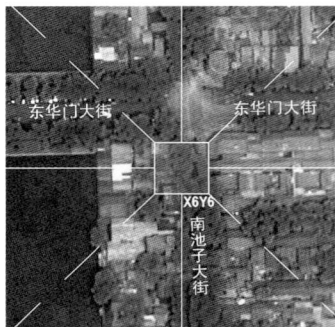

地块周围状况示意

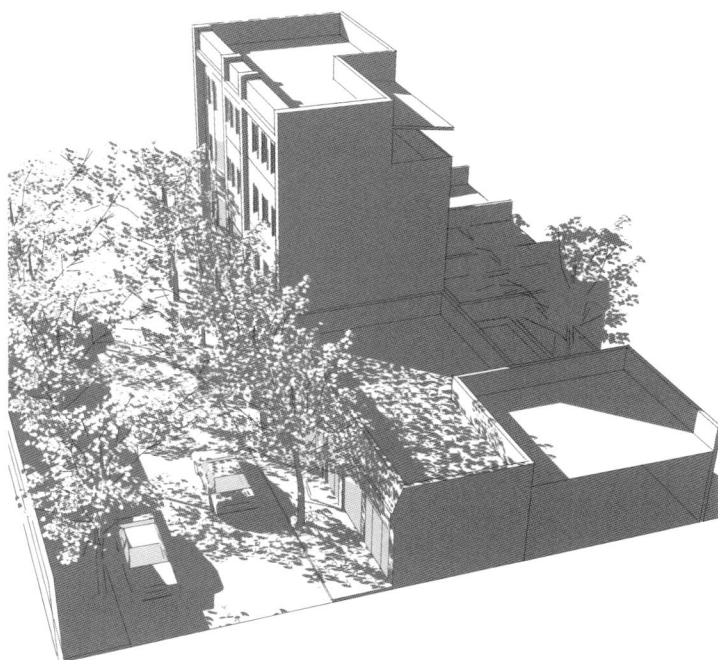

微距北京旧城

朱文一：千年古都北京旧城内有各个时期的文物建筑。修缮是一项常态的工作，也就是说，旧城中每时每刻都会有正在修缮中的文物建筑。这已经构成了北京旧城空间必不可少的要素。更多地将修缮过程展示出来，形成旧城空间独特的亮丽风景，是整体提升北京旧城空间文化品质的有效方式。

调研小组：安玛丽（第一组：易灵洁/安玛丽/康惠丹）

地块信息：地块位于五四大街北侧，北池子大街西侧，紫禁城东北部景山公园附近，内有宣仁庙。目前宣仁庙正闭馆修缮。

地块历史：宣仁庙是北京市级文物保护单位，俗称风神庙。建于清雍正六年（1728年），以祀风神。嘉庆九年（1804年）重修。其规制仿中南海时应宫，赐号（应时显佑），庙曰"宣仁"。

地块景观：寺庙建筑群中有三棵树，前殿庙旁还有一个荒芜的小花园，没有任何植物。道路由水泥砖铺成，部分被沙尘覆盖。建筑材料，如砖、砂、瓦片、木材和施工设备，包括垃圾或工程废料随处可见。寺庙内看起来就像一个施工现场。地块内还停放着一辆汽车和一辆面包车，另外还有两只猫在窗台上休息。

地块活动：根据2008年11月13日下午2点45分至3点观察，调研时间段内共有3人在地段内：一位回访故居的中年妇女，一位在寺外晒太阳的老人和一位正在休息的中年建筑工人。

地块建筑：宣仁庙及周围的建筑均采用传统的红墙灰瓦，歇山顶调大脊，黄琉璃瓦绿剪边顶。寺庙周围的建筑由于年久失修，显得破旧，现为临时住房，将来可能会拆除或修建。

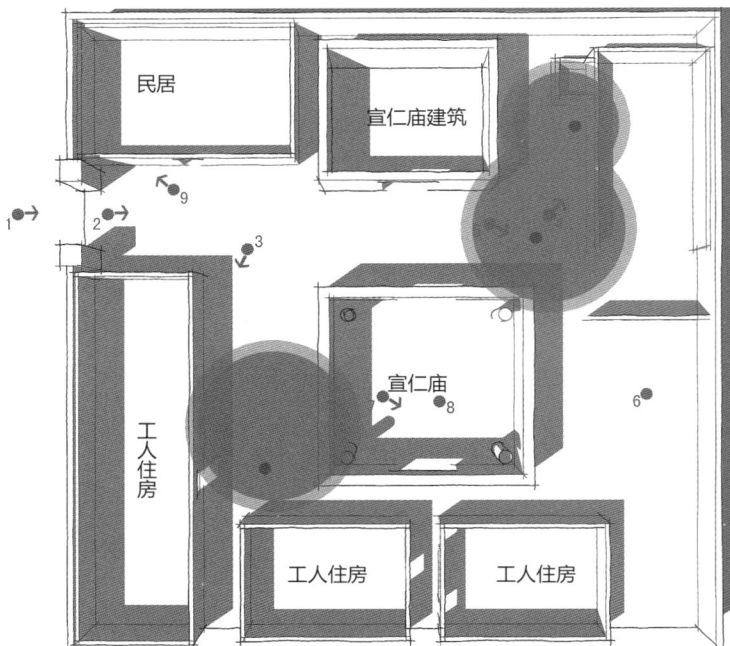

总平面图

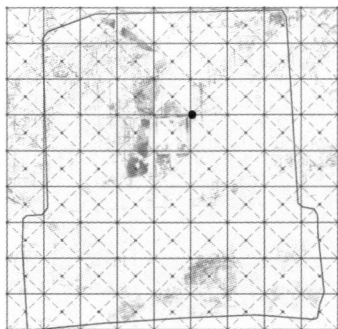

地块X6Y7区位图

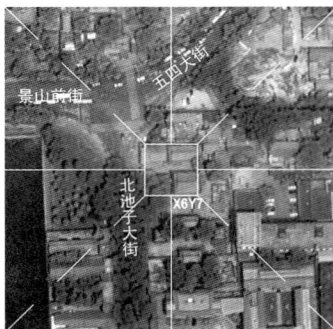

地块周围状况示意

微距北京旧城

朱文一：尺度是人与空间相对关系的表述。旧城中，每个时期的城市空间都有其对应的尺度。经历数百年形成的胡同，其尺度本身就是历史文化积淀的体现。尺度的改变，往往意味着历史文化脉络的断裂。北京旧城中，很多胡同由于其尺度的改变而令人遗憾地消失了。

调研小组：易灵洁（第一组：易灵洁/安玛丽/康惠丹）
地块信息：地块属于北河胡同的一段。结合拆迁，胡同拓宽至30米左右，并顺应高差做了全新的景观设计。
地块景观：对北河胡同的全新面貌颇感惊讶。景观设计尽管舒适宜人，然而这种普适性的做法未必是胡同发展的合理方向。如此的规模和尺度，也不再能被称为胡同了。
地块活动：根据2008年11月28日下午1:50至2:50观察，因改造原因，人迹罕至。北侧道路上停有两辆车；其间除有一辆警车和一个外国人骑自行车经过，无其他活动人流和车流。

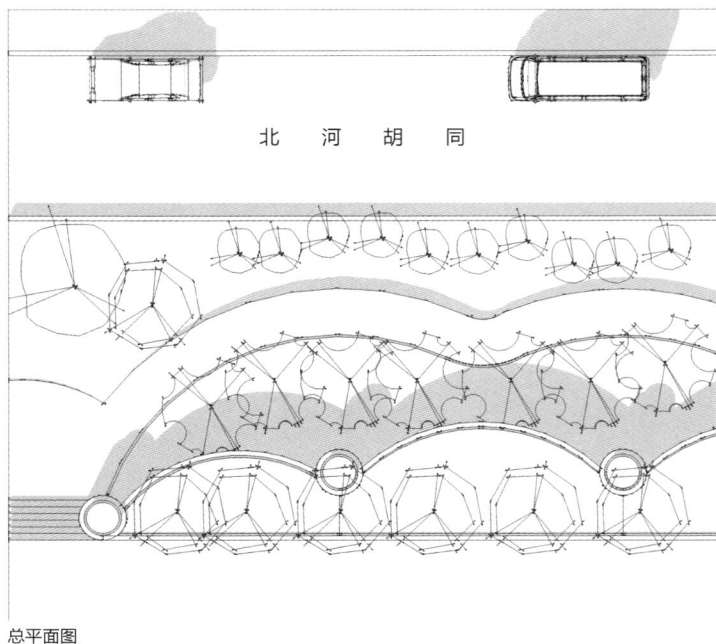

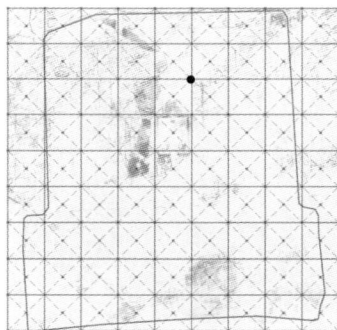

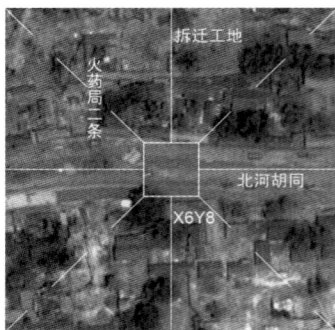

北 河 胡 同

总平面图

地块X6Y8区位图

地块周围状况示意

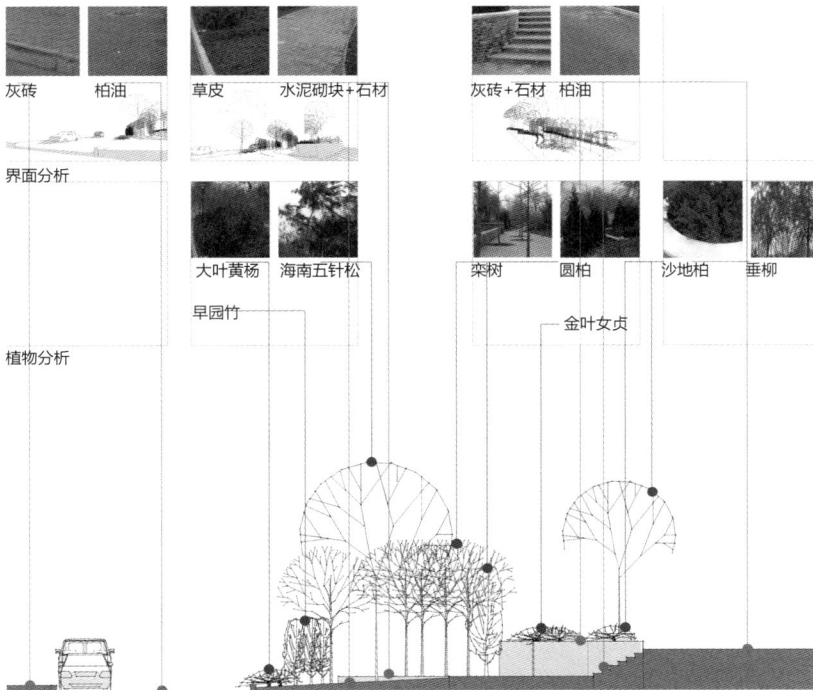

灰砖　　柏油　　　草皮　　水泥砌块+石材　　　灰砖+石材　柏油

界面分析

大叶黄杨　海南五针松　　栾树　　圆柏　　沙地柏　垂柳

早园竹　　　　　　　　　　金叶女贞

植物分析

微距北京旧城

朱文一：留得青山在，不怕没柴烧，用这句俗语来描述北京旧城保护，转化为"留得胡同在，不怕没用途"。胡同是老北京文化DNA的载体。在绝对保护胡同的同时，自然会激发胡同产生符合时代特征的用途。胡同"游"就是其中的代表。

调研小组：陈国民（第四组：李华/王舸/陈国民/黄瑞林）

地块信息：地块位于北京东城区，在胡同北锣鼓巷的南端。地块南接鼓楼东大街，往南紧挨着的是赫赫有名的南锣鼓巷。

地块景观：地块内有一棵银杏。

地块活动：根据2008年12月14日下午1:55至3:05观察，地块中有25人在进行各种活动。通过人流约每小时372人，主要为胡同里出入的居民,其中包括一群玩乐的小孩。还有卖晚报的、收集再循环废物的、骑车送煤炭的路经地块，以及去南锣鼓巷在此等候的游客。2时45分，忽然有14辆胡同游三轮车队过来，每一辆三轮车上都坐了2位游客。地块内停放着10辆汽车，其中有一辆四轮驱动车，一辆出租车，其余为私家车。出租车在14:53离开地块，进而取代其位的是一辆到胡同里拜访亲戚的私家车。

地块建筑：地块的南部有一栋一层高的民宅，外墙上写着"禁止停车，屋内有心脏病人"。地块北侧是中国人民解放军空军后勤部队宿舍，高4层，约16.5米高，由于是军事部门，保安深严，谢绝进入。

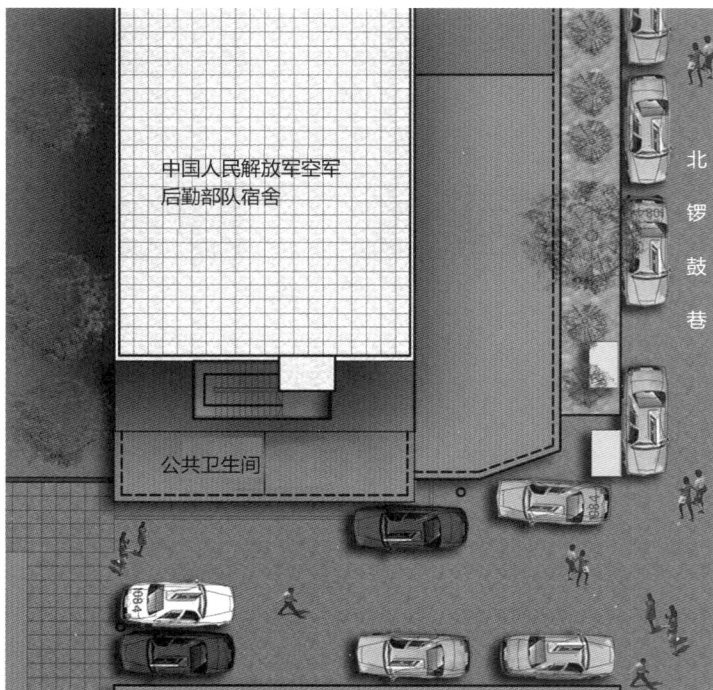

总平面图

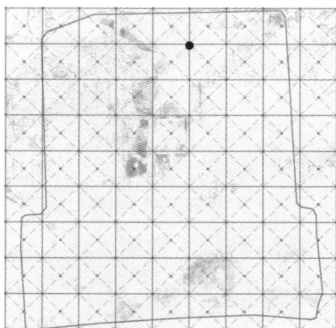

地块X6Y9区位图

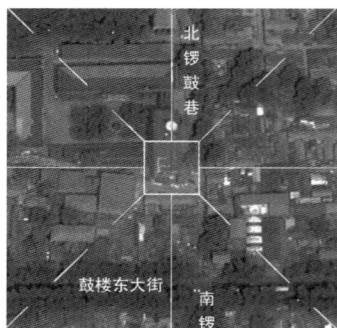

地块周围状况示意

三轮车响铜铃：当我调研地块快要结束时，大约午后2时45分，忽然从北锣鼓巷北侧开来了一队气势壮观、装潢一致的游胡同三轮车队。共有14辆，每一辆三轮车上都坐了2位游客。从游客说的粤语可知，可能是广东游客。在车队中，有一位身穿白色羽绒服，手持红色旗帜的导游小姐。同时，车队里也有几位西方游客。在赫赫有名的南锣鼓巷前，三轮车队在此停留。从亲切热情的冯师傅的口中得知，三轮车游胡同收费为国内游客50元，国外游客180元，时间45分钟，出发地点为北京钟鼓楼，结束地点任由旅客决定。

微距北京旧城

朱文一：调查空间的使用状况，是一件斗智斗勇的事情。换一个思路来看，面对城市中某些空间森严的安防，调查者真实记录地块不可调查的过程，本身就是对地块空间状况的准确表述。

调研小组：罗晶（第二组：罗晶/闫晋波/邱惠国）
地块信息：地块位于北京东城区，安定门西大街以北，紧邻北护城河。地块周围均为高层办公楼，包括8层高的北京律师协会和13层高的中成大厦。
地块景观：地块中间的墙上有五叶地锦，中成集团大厦前有三棵小叶黄杨。地块西侧草坪处有一个雨水井盖。
地块活动：根据2008年12月6日下午2:00至2:10观察，地块中包括三个调研人员在内活动人数共8人，活动范围均在围墙西面北京律师协会一侧。其中有2名正在工作的清洁工人，2名工作人员走过。1名保安由于我们的存在前来阻止。

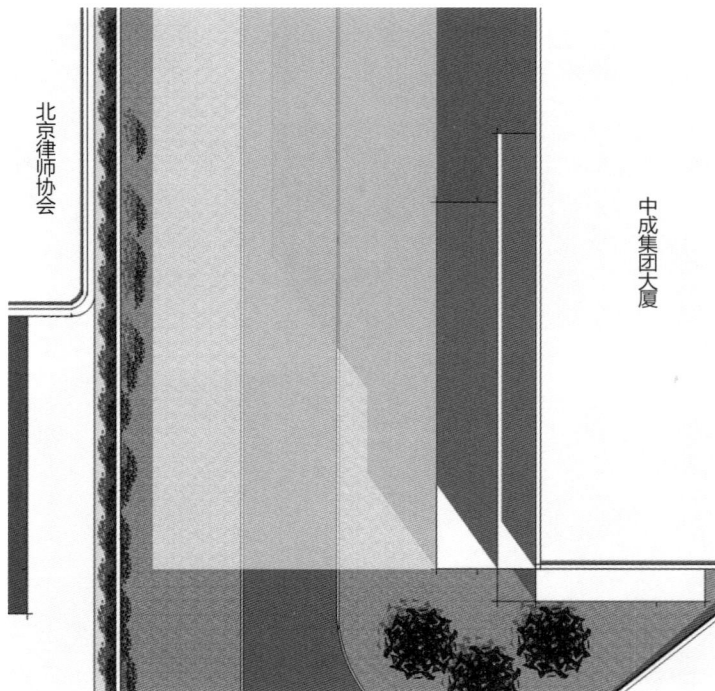

总平面图

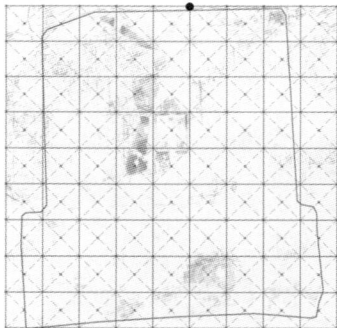

地块X6Y10区位图

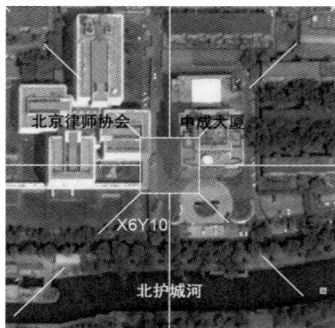

地块周围状况示意

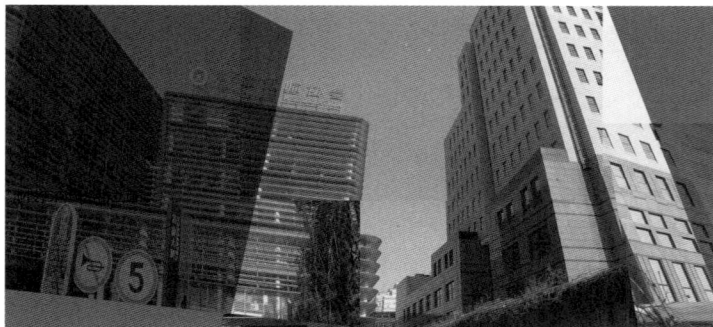

"我数人"

带领罗晶去登记，然后放回罗晶。

罗晶跟随保安去登记

清洁工继续盯着我们……

"我没车可数，就数数楼层吧。"

摄像头转而360°跟随阎晋波。

"你们是干吗的？清华的？过来登记一下。不要声张，不要乱拍照。"
清洁工盯着我们……

"喂喂，你们还是赶紧走吧，摄像头跟着呢，要是被发现了我就要被开除的……"
清洁工继续盯着我们，交头接耳。

摄像头一直跟着罗晶转，可能因为她一来就对着摄像头照了张像……

摄像头转360°俯视我们三个人。
于是，我们被逐出了院门……

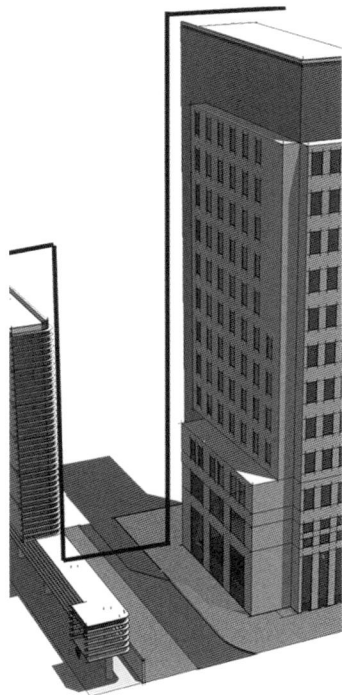

微距北京旧城

朱文一：重大事件对城市空间的塑造具有不可替代的作用。也可以认为，城市空间的氛围就是空间中发生的各种事件的集合。地块X6'Y2'在天坛公园中，2008年经历了北京奥运会马拉松比赛这样重大的事件。天坛是世界文化遗产，是否可以让奥运会马拉松比赛这样的奥运遗产以某种物化的形式，在天坛永远流传呢？

调研小组：史夏瑶（第三组：李煜/史夏瑶/钟庆发）
地块信息：地块位于崇文区天坛公园内坛西北侧的百花园与月季园之间，主要部分为南北向通道，为行人和电瓶车使用。两侧是绿化景观。
地块景观：地块上的植物主要为行道树园柏，西侧草坪上有一棵老国槐和三棵侧柏。
地块活动：该地块无停留人群，但有市民和游客经过，其中包括5个散步的老人，2对情侣，6个遛鸟的人，1名保安，1位行人。天坛公园百花园和月季园中间有安静的小路，深秋依然绿油油的草坪，苍劲的古柏。路上的蓝色粗线让我们回到了2008年夏天，北京奥运会马拉松比赛经过这里。蓝色的线条与古老的天坛凝固在这里。

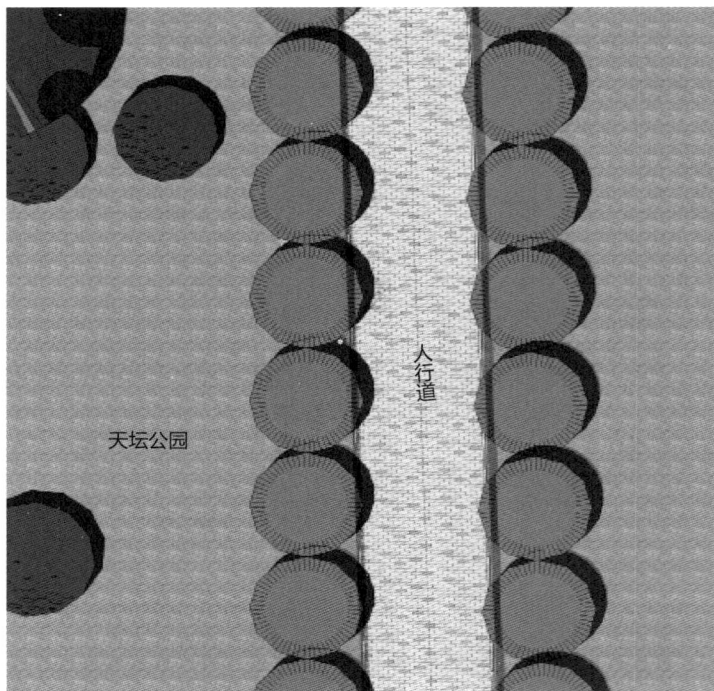

总平面图

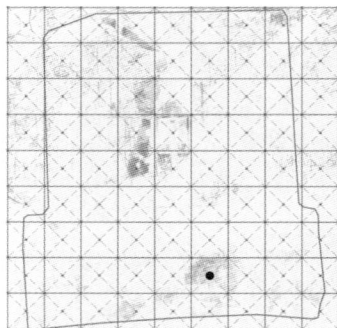

地块X6'Y2'区位图

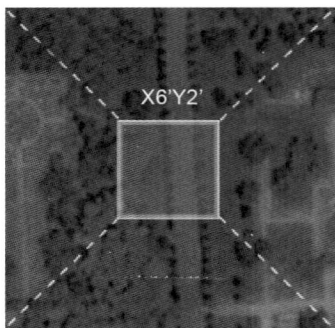

地块周围状况示意

微距北京旧城

朱文一：精心的设计是形成舒适宜人城市空间的关键。合理布置人、自行车停放和机动车停车所需空间，充分考虑人的活动规律，可以营造良好的微环境。

调研小组：王舸（第四组：李华/王舸/陈国民/黄瑞林）

地块信息：地块位于前门东大街南侧，距离崇文门地铁站出口300米。北边是首都大酒店，南边大片高层住宅。地块的靠北部分正在进行道路施工，南侧是沿街商铺的立面。

地块景观：沿街有高大树木，人行道中间还有宽度7米左右的花坛，空间尺度宜人。

地块活动：根据2008年12月6日下午2:13至2:33观察，经过的行人总数为231人，其中老年人66人，中年人92人，青年人66人，儿童7人。其中24人逗留时间超过2分钟。经过自行车62辆，机动车22辆。地块内通往居住区的通道30分钟内出入人数达145人次。

地块建筑：南边是单层混凝土商铺，北边有两间施工棚。工地外沿用蓝色钢板遮挡。通常为单坡或者平顶的水泥小间。

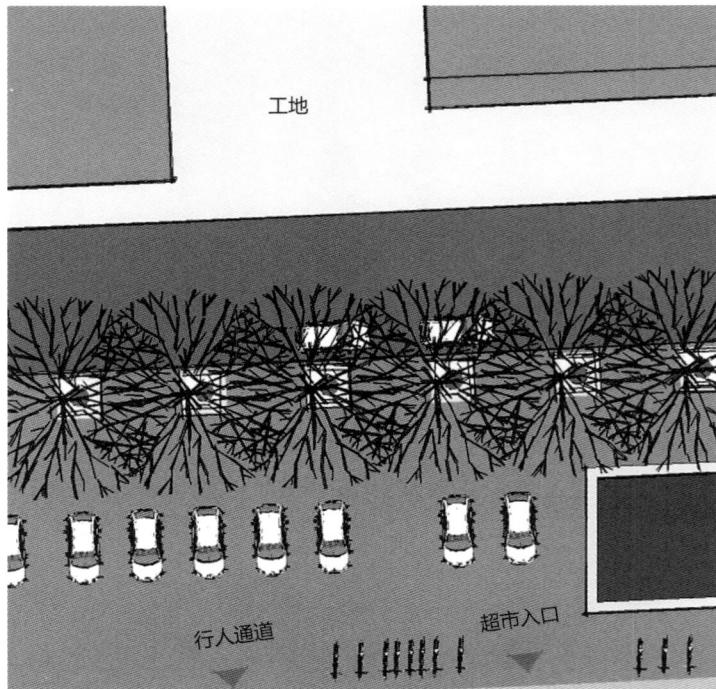

总平面图

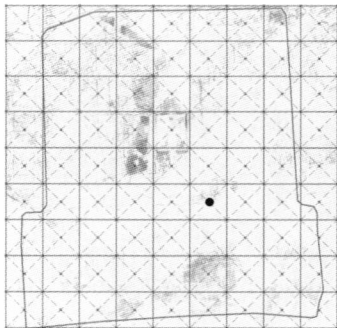

地块X6'Y4'区位图

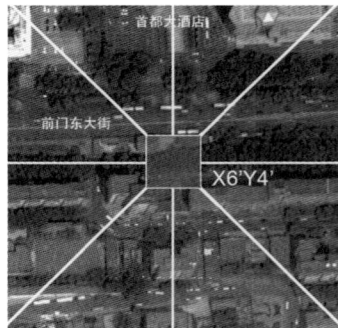

地块周围状况示意

微距北京旧城

朱文一：名人故居是北京旧城建筑一道靓丽的风景线。北京旧城中，名人故居由于数量大、年久失修、他人产权等原因而成为旧城保护的难题。地块X6'Y6'中的老舍故居作为开放的纪念馆保存完好。这样的保护模式是否能够推广？这是一个值得研究的课题。

调研小组：郭晓盼（第七组：郭晓盼/金世中/黄文镐/姚涵）

地块信息：地块位于北京东城区，西邻北河沿大街，东临王府井大街，包含东西向的灯市口西大街和南北向的丰富胡同。老舍故居也在其中。

地块历史：老舍故居所在的丰富胡同以明代一位公主的名字"丰盛"命名，名叫小丰盛胡同。抗日战争结束后，老舍先生住于此地。他去世后，小丰盛胡同改名为丰富胡同。

地块景观：地块内有柿子树和法国梧桐两种乔木及胡同景观。

地块活动：地块内活动的人群比较复杂，灯市口西大街上的行人大多是往来的路人，少量是在饭馆就餐的顾客。调研时间内，共经过行人35人，自行车15辆，三轮车9辆。经过机动车共77辆，其中，中巴车12辆，大巴车9辆，私家车34辆，出租车22辆。在老舍故居内，每个周末都有中学生做志愿者服务，为参观者讲解老舍故居。据介绍，每个学生在高中三年内，必须完成80小时的志愿者服务，这将纳入学生的综合素质评测。调研期间遇到的两名16岁的四中高中二年级学生已完成了46小时服务。她们将在高二期间将剩余的34小时任务完成。

地块建筑：地块内有三个四合院，其中老舍故居保留了中国传统四合院的格局；位于其西侧及东侧的两个四合院因私搭乱建已经失去了原有的形式，临街部分都作为租赁商铺。

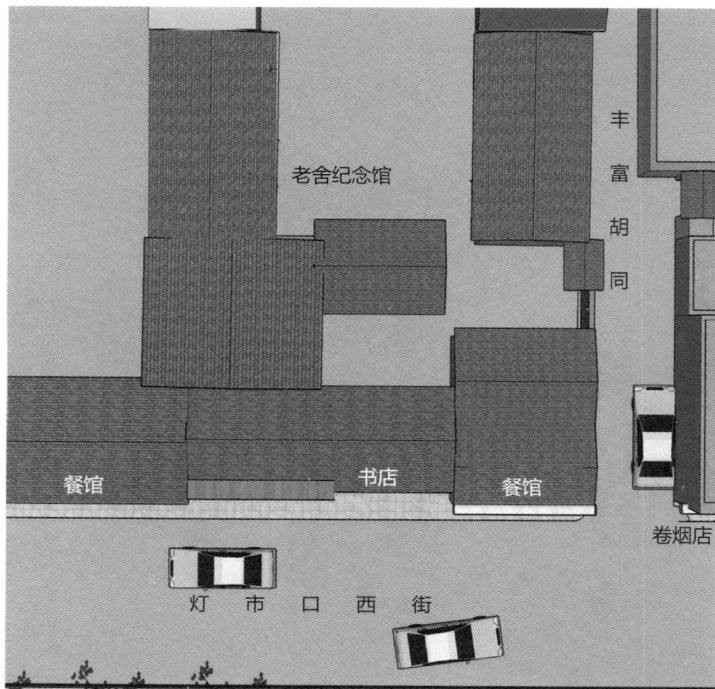
总平面图

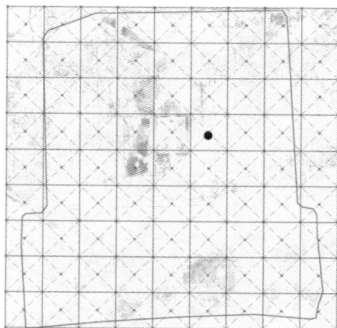
地块X6'Y6'区位图

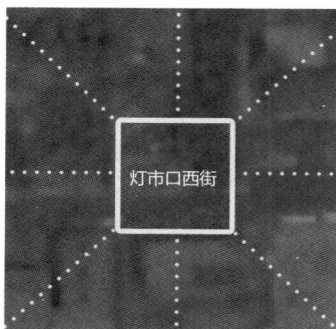
地块周围状况示意

微距北京旧城

朱文一：北京旧城空间的复杂性与矛盾性主要表现在，富于生活气息与品质低劣之间的矛盾、丰富多样与凌乱无序之间的矛盾，以及历史传承与改造更新之间的矛盾，等等。从不同的视角观察北京旧城，可以得出不同的结论。今天，大力呼吁保护旧城，指的是从欣赏的角度来看待旧城。只有这样，才能找到保护良策。

调研小组：罗晶（第二组：罗晶/闫晋波/邱惠国）
地块信息：地块位于北京东城区，安定门内大街以东的国子监街北侧。国子监街靠近地段的西口有一座牌坊，向东共有四个牌坊，为北京牌坊最多的胡同。街东为国子监和孔庙，是元明清时期中国的"文化圣地"。
地块景观：民居的两个院子中分别种着两棵石榴树。
地块活动：根据2008年12月11日下午2:00至2:10观察，包括3个调研人员在内活动人数共5人，另2人均为住户。他们非常友好，向我们介绍了他们家养的八哥。
地块建筑：地块内的建筑均为旧时民居。由于生活需要不断加建改建，使这里变得拥挤且凌乱不堪。

总平面图

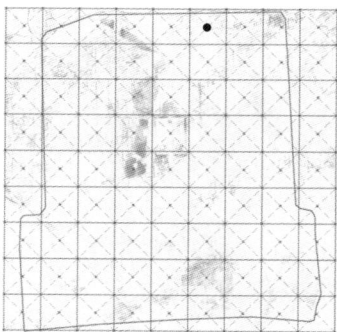

地块X6'Y9'区位图

地块周围状况示意

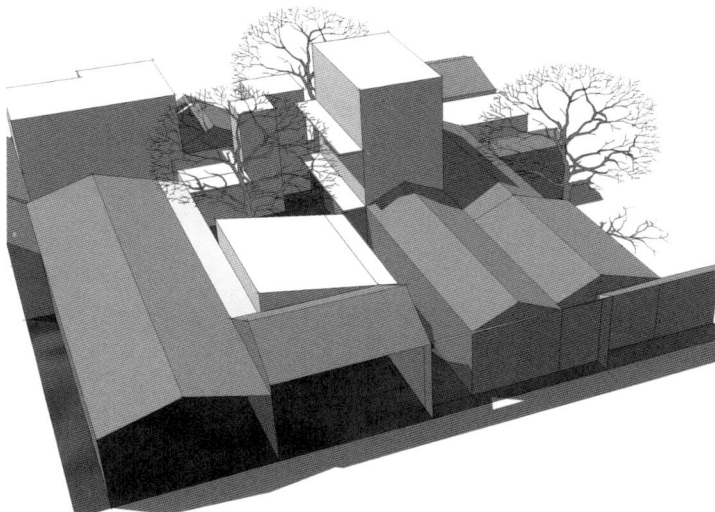

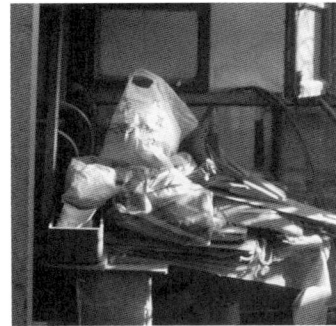

微距北京旧城

朱文一：影响城市空间品质的因素不仅包括一般意义上的物质环境，还包括悬浮在空气中小于或等于2.5微米的可吸入肺的颗粒物。"煤"有污染，因为烧煤可以制造固体悬浮物。据说，北京城区煤改气的工作已经取得成效，距离没有污染的北京城又进了一步。

调研小组：郭晓盼（第七组：郭晓盼/金世中/黄文镐/姚涵）

地块信息：地块位于北京东城区，北向为东四西大街，西临王府井大街，东面是地铁五号线，最近的地铁站为东四站。地块内包括多福巷，以及中国钢铁工业协会、国务院国有资产监督管理委员会、冶金机关服务局的部分建筑，还有南边的两个四合院。

地块景观：地块内多福巷12号院内有1棵小叶杨，高约10米，树干直径60厘米。 多福巷北面的政府部门围墙内有7棵榆树。

地块活动：地块内的活动人群大多是附近居民，年龄多为中老年。一小时调研的时间内，共经过行人28人，交通工具大多是自行车、三轮车，摩托车占少数，只有一辆汽车通过。地块内四合院的一个特点是院内没有厕所，只有公共厕所；另一特点是空间狭窄，大量的衣物只能晾晒在街道上。因此，在这里经常可以看到穿着睡衣出入、去公厕的、晾收衣物的居民。地块的两个四合院内有47人居住。冬季几乎全部依靠烧蜂窝煤取暖。因此储藏蜂窝煤成为一大难题。在院外，可以看到统一制作的装煤铁皮箱；在院内，大量的煤堆到入口处。到处存放的蜂窝煤使得杂院内更加拥挤，环境污染严重。

地块建筑：地块内四合院建筑低矮，空间局促，私搭私建成了大杂院，生活条件十分恶劣。过去的那种幽静、自然的氛围荡然无存。街道上建筑外立面由于经过统一整修，与杂院内的混乱形成了鲜明的对比。

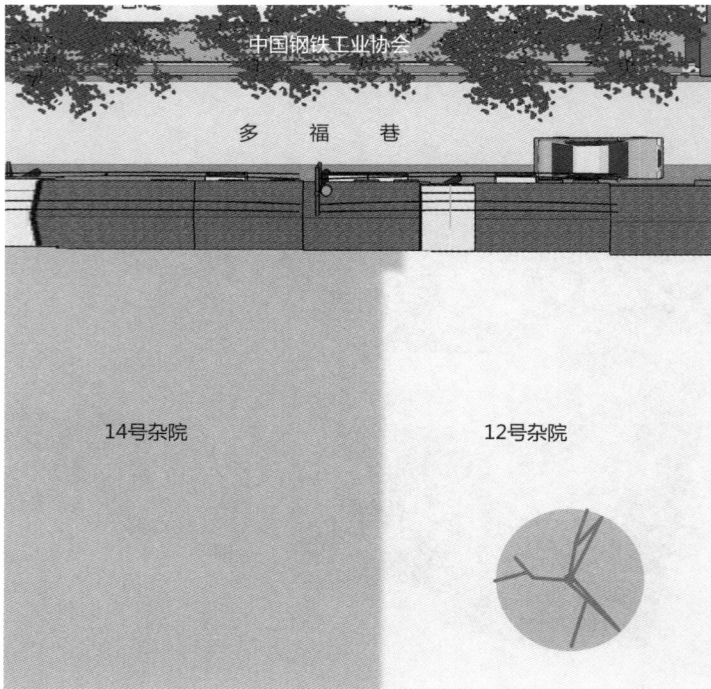

总平面图

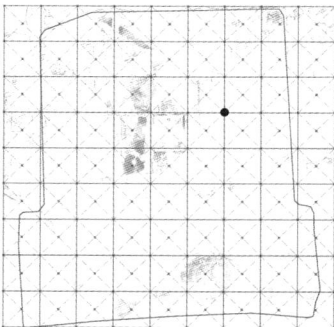

地块X7Y7区位图

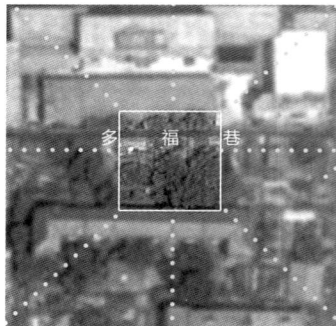

地块周围状况示意

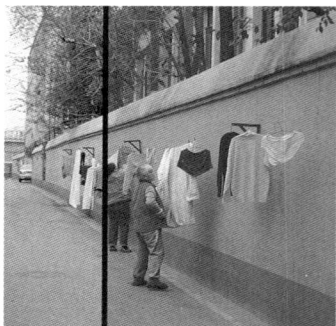

沒 煤 有 污 染

多福巷12号

[采访情况]

多福巷12号，住户朱阿姨，62岁，退休，从1966年之前即文化大革命之前居住至今。她说目前大杂院内十几户共同使用一套上下水管道，一个电表，同时房屋狭小拥挤，不舒适也不方便。认为搬迁上楼有好有坏，好处在于生活方便空间宽敞，但是冷漠的邻里关系让他们无法接受。 多福巷4号，住户李奶奶，83岁，活动不便，出入需要坐轮椅。已在此居住近60年。她有一个儿子，已婚，儿子、儿媳均为导游。已故丈夫原是某公安局干部。最初的一间住房是单位分房所得，后因家里添丁，居住空间不够，于是在院内又加建了一个20平方米左右的房子，并居住至今。她对于居住现状表示基本满意，没有觉得有生活上的不便，没有想过要从这里搬走，最大的原因是舍不得这里相处多年的邻里。

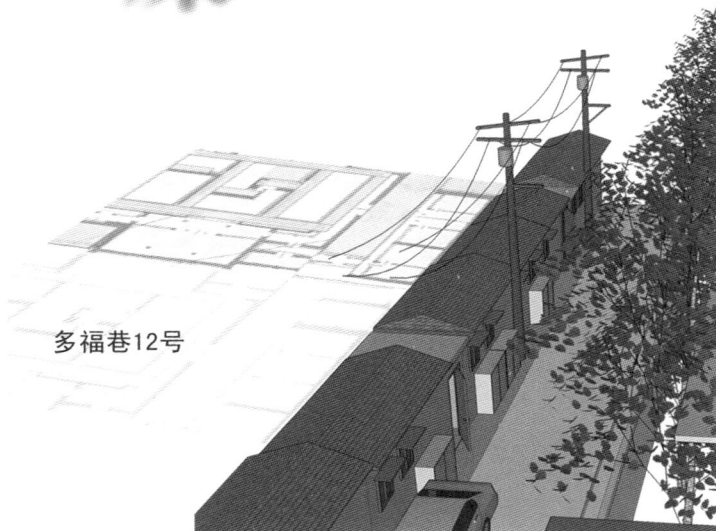

121

微距北京旧城

朱文一：将现代城市所需要的功能植入传统四合院中，既适应新的生活需求，又延续传统建筑的风貌，所谓"旧瓶装新酒"。这是旧城中传统建筑自身适应机制作用的结果，也可以作为一种旧城保护和更新的策略。

调研小组：王舸（第四组：李华/王舸/陈国民/黄瑞林）

地块信息：地块位于北京东城区5号线张自忠路站南侧的汪芝麻胡同。主要建筑有华都旅馆、一家小食品店和一间公共厕所。

地块历史：汪芝麻胡同，明代属仁寿坊，称汪纸马胡同。据传，胡同因有一汪氏纸马店而得名。清代属正白旗，称汪芝麻胡同延续至今。

地块景观：地块内无植物。自行车、三轮车等交通工具沿墙无序停放。胡同内空间狭长，氛围安静，富有生活气息。

地块活动：根据2008年11月27日下午3:40至4:20观察，共经过行人113人，自行车12辆，机动车11辆，狗1只。停车状况为：汽车5辆，三轮车11辆，自行车24辆，摩托车1辆。

地块建筑：地块保持了老北京胡同街区亲切宜人的建筑风貌。华都旅馆由传统四合院改建而成。

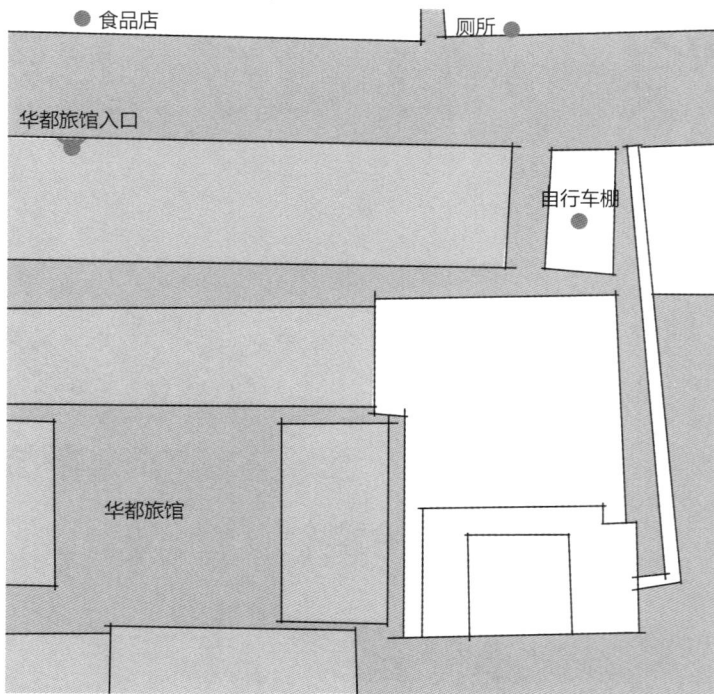

● 食品店　　厕所 ●
华都旅馆入口
自行车棚
华都旅馆

总平面图

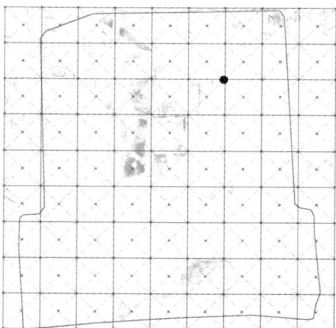

地块X7Y8区位图

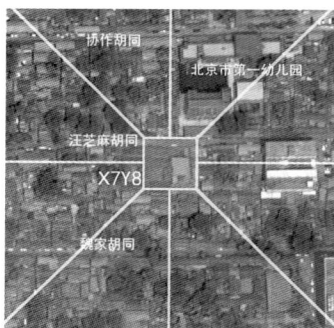

地块周围状况示意

122

微距北京旧城

朱文一：边界或界面是空间可识别性的重要元素。有序的空间一般都有明确的界面或边界指示，人在这样的空间中不会迷失。而这样的空间往往不是在图纸上设计出来的。形成有序的空间要求设计师对场地及人的行为进行深入细致的考察和研究，并且在使用过程中不断调整、纠偏，如同产品的终身保修一样。

调研小组：石炀（第六组：刘利/石炀/潘睿）

地块信息：地块位于北京市东城区和平里西街乙79号，小区入口在安定门东滨河路，地块内为北京市民服宾馆和小区。

地块景观：地块内没有植物，景观以民服宾馆、小区居民楼和小区道路分割的各种空间为主。小区道路上密布各种各样的井盖，分属不同的市政设施。地块东侧有一处简易房，供民服宾馆的后勤人员暂时居住。

地块活动：地块内空间大致分为两类，一是小区内部空间，二是民服宾馆的职工及客人。在下午1:30至3:00的调研时间段内，小区内进入7人，其中4人为老年人，一对夫妇，1人为管理人员；外出3人中，有一对夫妇和一位老人。民服宾馆有12人进入，其中，服务人员4人，客人8人。

地块建筑：小区居民楼为12层板式高层，单侧走廊，内部有电梯一部，楼梯两部，户型有一门两户、一门一户和单间等三种形式，其外观为粉色传统住宅楼。推断其建筑年代为20世纪90年代中期。民服宾馆为三层建筑加地下工作层，外形为半坡顶，色彩为浅绿色，推断其建筑年代为20世纪90年代中期。

124

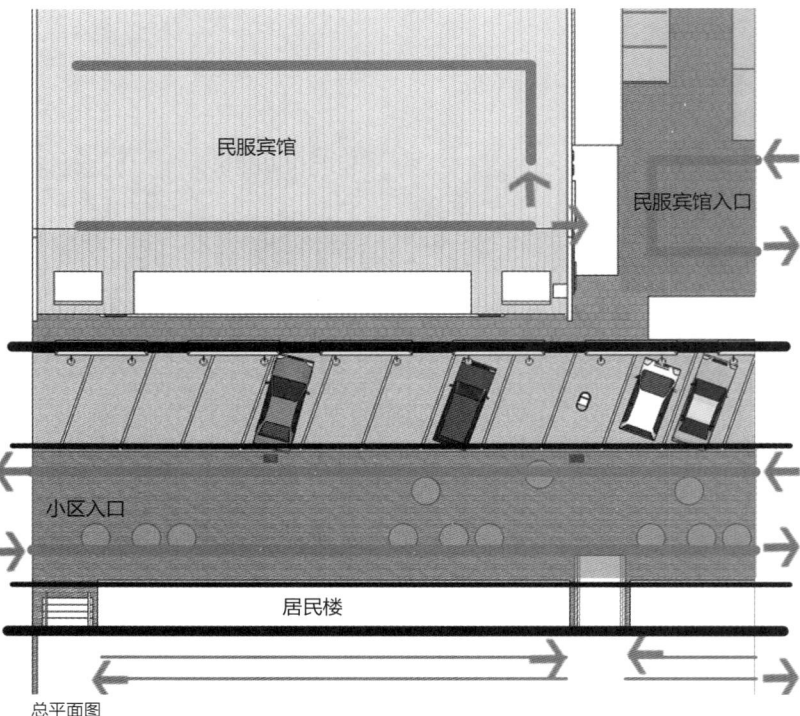
总平面图

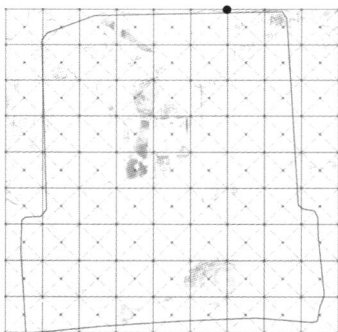
地块X7Y10区位图

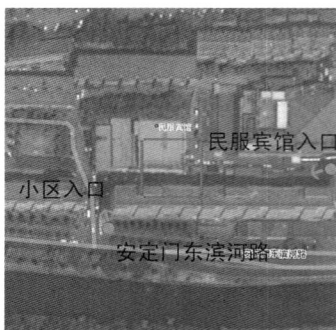
地块周围状况示意

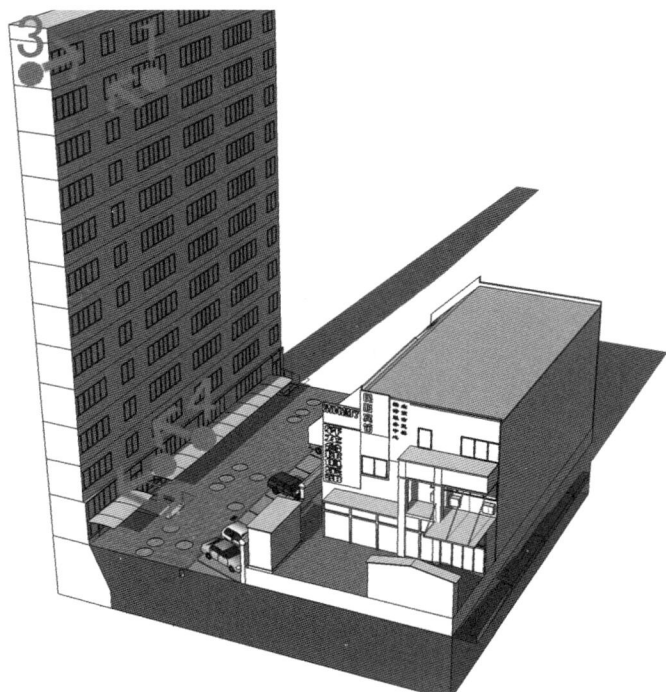

空间分割
X7Y10

[空间分割]

地块内存在着不同形式、不同作用和不同强度的分割线：第一类为划分私密和公共空间的居民楼和民服宾馆间的墙、简易房和栏杆；第二类为划分建筑内外空间的民服宾馆的外墙、居民楼的外墙；第三类为划分不同功能的民服宾馆内部的隔断墙和居民楼的内墙；第四类为对人的行为具有指引作用的停车场标志线、楼梯、台阶等标志符号。

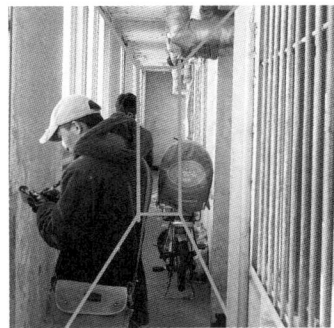

微距北京旧城

朱文一：高架桥的巨大体量直接改变了旧城原有街巷的空间肌理。同时，高架桥的过境交通功能不仅割裂了街道两侧建筑功能的呼应，而且还造成了汽车"高速过境"和顾客"溜达停留"之间的严重错位。对于良好旧城空间氛围的营造而言，高架桥可谓"百害而无一利"。

调研小组：李煜（第三组：李煜/史夏瑶/钟庆发）

地块信息：地块位于北京市崇文区天坛东侧路73号，玉蜓桥东侧。地块内包括玉蜓高架桥，桥下机动车道和临街商业建筑。

地块景观：地块内基本没有植物，主要景观为临街立面街景，主要以"便宜坊"烤鸭店为主，周围为楚韵的宏达商贸中心、亿安天图片社、老正兴寿桃店和农美超市。人气较足的是地段北侧的王老头炒货店。地块内的另一大景观为一条四车道马路、玉蜓高架桥的部分车道和两条人行道。四车道和高架桥上堵车情况不严重。桥下提供停车位，但仍有路边停车现象。

地块活动：地块内有丰富的活动，主要包括穿行马路的行人、便宜坊和周围店家内的顾客、小区居民和"王老头炒货店"排队顾客，还有大量的机动车。

地块建筑：地块内主要建筑为玉蜓桥和北侧临街店面。北侧临街店面立面共三层，主要立面隶属便宜坊，以复古为主，体现为中国传统坡屋顶和垂花门等。

126

总平面图

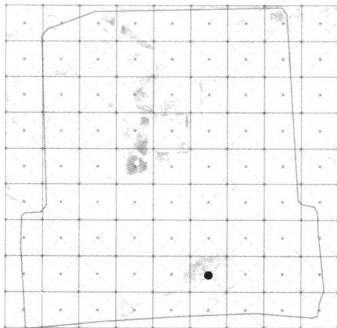
地块X7'Y2'区位图

地块周围状况示意

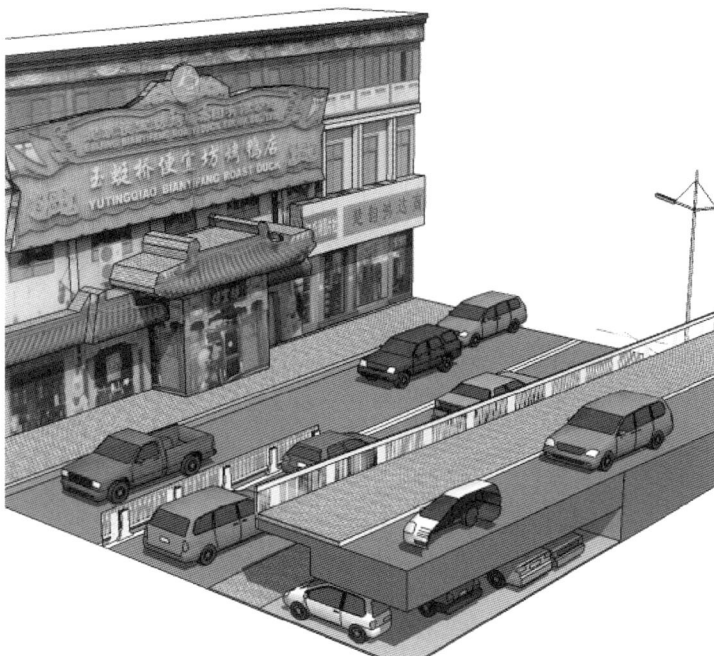

微距北京旧城

朱文一：树木是构成良好城市空间品质的重要元素。在某些情况下，一棵大树可以成为空间的主角，对空间氛围的营造起决定性的作用。在北京旧城的传统四合院中，可以看到树木居中，建筑围绕树木形成院落空间。因此，保护每一棵树木，特别是有年头的大树，应该成为北京旧城保护的重要环节。

调研小组：潘睿（第六组：刘利/石炀/潘睿）

地块信息：地块位于北京崇文区，崇文门外大街东侧，瓷器口一巷北侧，地段内为待开发用地。

地块景观：地块内有两棵国槐，胸径在50厘米左右，树高约15米，树冠直径约15米，两棵树约占查研地块面积的80%。除国槐外，还有一种龙爪槐，树冠成龙爪状，与国槐形成对比。树木已经被人为破坏致死，在尚未完全拆除的墙面上有"还我人权，还我产权，还我家"的标语，还有一两间供出租的几乎要倒塌的房子。整个地块呈现出萧条的景象。

地块活动：根据2008年11月20日下午3:45至5:00观察，地块中活动总人数4人，通过行人1人。分别是看门的老大爷，两位路人，与大爷聊天的中年妇女和一位邮递员。

地块建筑：地块内并没有地面建筑，旁边有两栋残存的拆迁建筑，其形式为老北京特有的民宅。调研结束时，夕阳照下，透过郁郁葱葱的树木，依稀能够看到往日繁盛时期悠闲自得的老城生活。

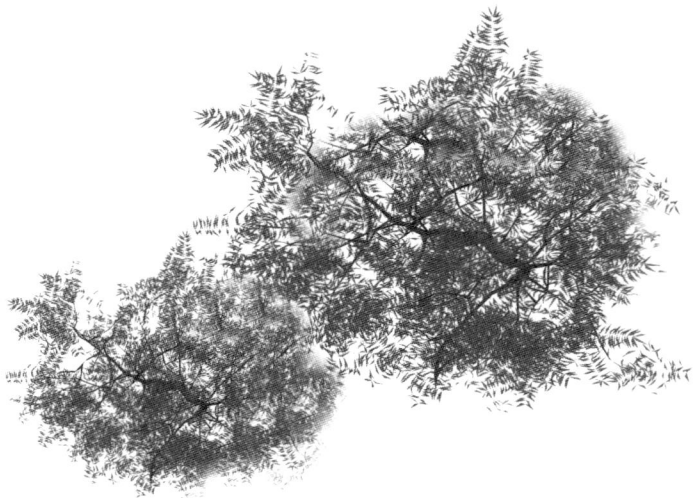

总平面图

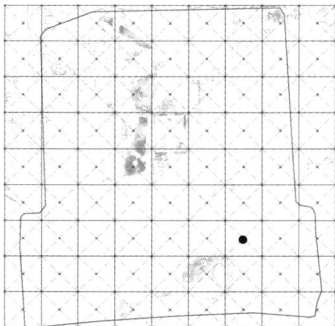

地块X7'Y3'区位图

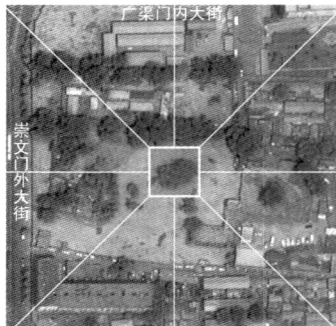

地块周围状况示意

环割树木
X7'Y3'

树木被环割：通过与大爷聊天，得知该地块原本要修建成居住区，大部分居民和开发商的配合还算协调。但随着拆迁的进行，部分居民和开发商的矛盾开始尖锐起来，到后来，有些居民坚决不同意继续进行拆迁工程。市政部门也未发挥应有的调节作用。矛盾一直搁置，地块就成了现在这幅景象。而在开发的过程中，开发商为了避免和市政部门冲突，在地块内的所有树木的树干上都划了一圈，以使地块内的所有树木迅速死去，避免保留树木等复杂的问题。

微距北京旧城

朱文一：北京城墙已经无可挽回的消失了。今天，在可能的条件下，尽量找寻并再现老北京城墙的历史痕迹，也许能唤回部分老北京空间的记忆。遗址公园就是一种很好的方式。

调研小组：潘睿（第六组：刘利/石炀/潘睿）

地块信息：地块位于北京明城墙遗址公园。

地块景观：地块内自然景观以草地为主，灌木和乔木较少，仅有两株大树。此处主要是遗址公园的入口小广场，少量的树木减少了对城墙的遮挡，形成比较开阔的空间。草坪上还放有大块的顽石，其中一些成为人们临时安坐的"凳子"。开花植物并不丰富，没有大面积的鲜艳色彩，显得比较安静平淡。

地块活动：根据下午2:18至2:23观察，1人沿广场外侧行进，并进入广场活动；21人沿广场外侧行进，不进入广场活动；14人穿越广场内部行进，不停留在广场活动；11人穿越广场内部行进，并停留在广场活动；7人长时间坐在广场里晒太阳。

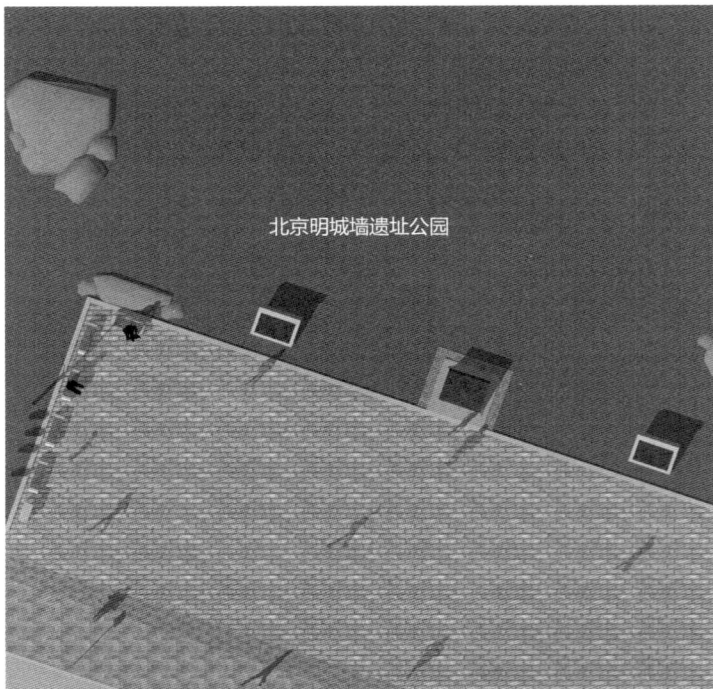
北京明城墙遗址公园

总平面图

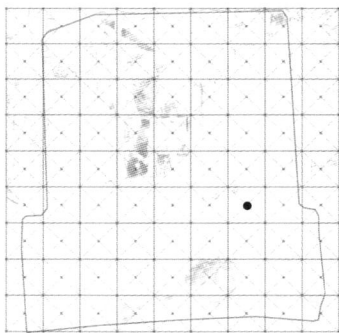
地块X7'Y4'区位图

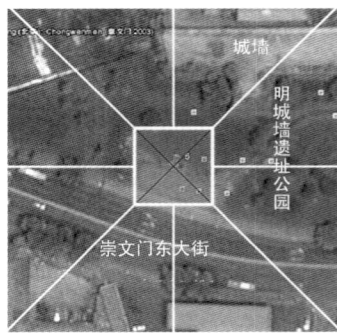
地块周围状况示意

微距北京旧城

朱文一：旧城中有序空间的形成，不仅需要设计，更需要严格的管理以及市民素质的提高。环境决定论者认为，好的环境可以塑造人的品行。但这是有条件的。在旧城中心区空间资源极度缺乏的情形下，严格的管理可能是保持有序空间的最佳选择。

调研小组：曹雩（第五组：曹雩/魏钢/刘博）

地块信息：地块位于北京东城区，长安街东向沿线建国门内大街北侧。地块部分属于中国农业银行总部大楼用地，位于大楼北侧，包括地面停车场部分及地下车库出入口。

地块景观：地块内有一棵国槐，胸径约40厘米，树高约7米，树冠直径约6米，处于街角位置。街边行道树为小叶杨两棵。停车场被栏杆围合，东侧有一个出入口，但是目前并不使用。东侧的辅路车流量很小，人行道上也并没有太多的行人，由于缺乏管理，路边停车混乱。

地块活动：调研时间内，地块内活动总人数为26人，其中，行人21人，保安3人，清洁工2人。经过机动车3辆。地块虽小，停车方式却有很多种。地面停车、地下停车、路边停靠这几种停车方式集中到小小的30米见方地块中。一道栏杆将银行内部停车和路边外部停车分隔开来，而栏杆内外的停车状况也是天差地别。两边管理力度的不同，带来的是秩序井然、组织有序和混乱、占道、横七竖八的鲜明对比。

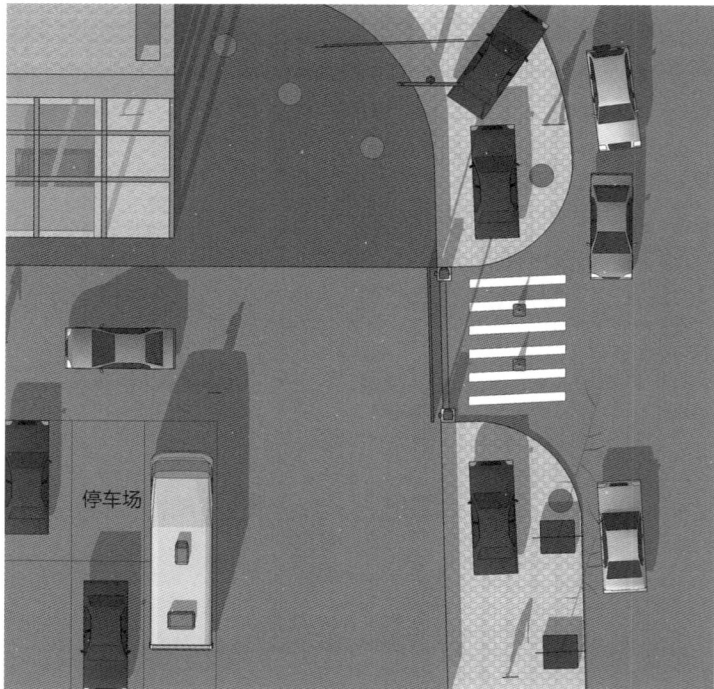
总平面图

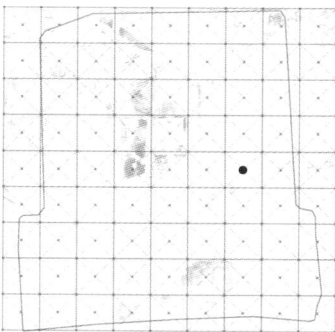
地块X7'Y5'区位图

地块周围状况示意

132

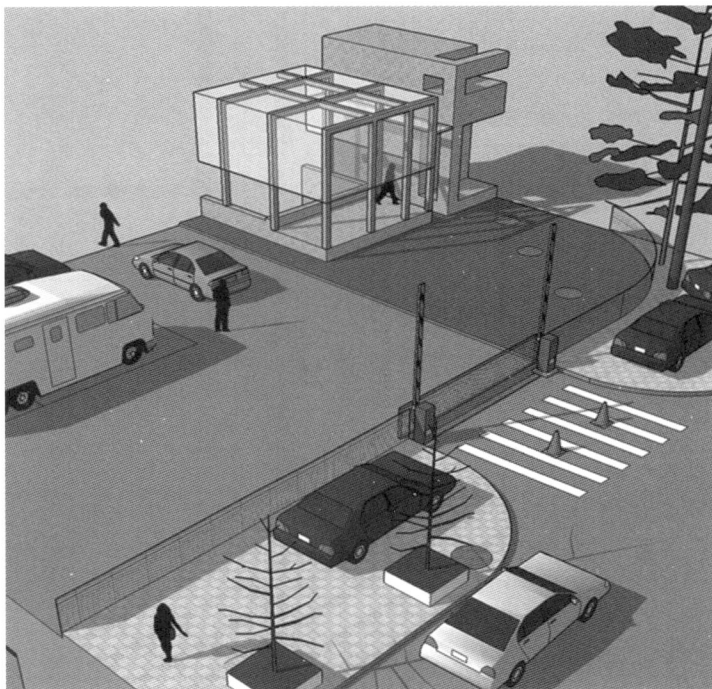

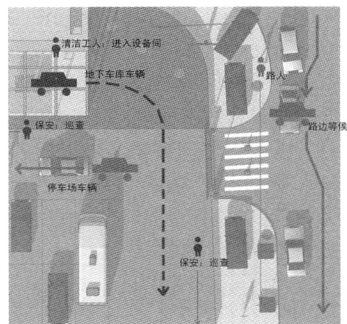

133

微距北京旧城

朱文一：在北京旧城中，胡同和四合院作为弱势空间，急需得到帮助和扶持。今天，胡同和四合院正在走向荒芜，如果放任不管不顾不问，那么它们将最终难逃消失的命运。实际上，对不少胡同和四合院来说，只需简单的整理和局部更新，就可以使其焕发活力。

调研小组：邱惠国（第二组：罗晶/闫晋波/邱惠国）

地块信息：地块位于东四3条和东四4条，包括居民住宿和波油路小街。

地块景观：地块内有很多电线，像爬藤植物一样攀爬在建筑上。在居住区内，可以看到许多后加的建筑物，如加建的层楼等；还可以看到许多废弃的门挡和砖块。虽然地块内有可回收和不可回收的垃圾分类筒，但垃圾随处乱扔的现象还是存在。

地块活动：调研时间内地块中极少有人和车活动。10分钟内只有5个人经过。

地块建筑：地块内的建筑属于中国传统四合院建筑。

地块氛围：地块内感觉到北京少有的宁静，两旁的胡同墙给人很强的分界感。

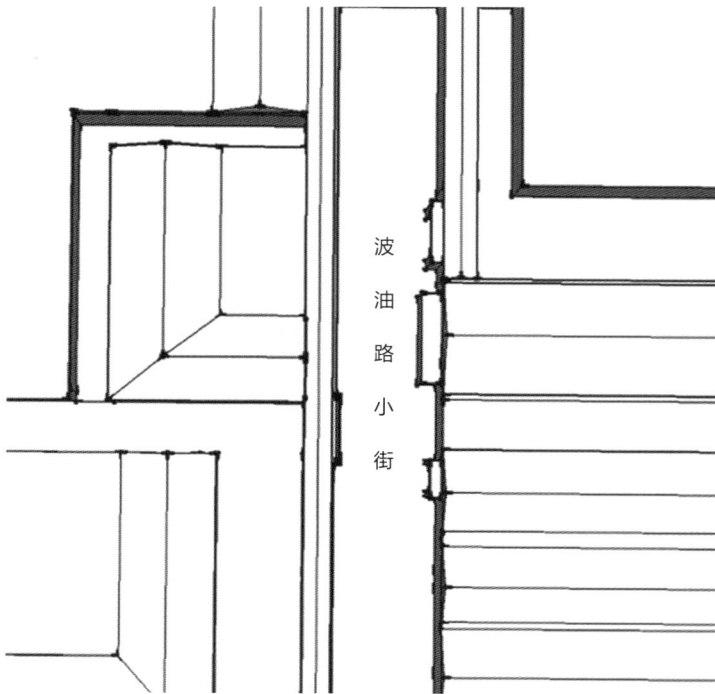

波油路小街

总平面图

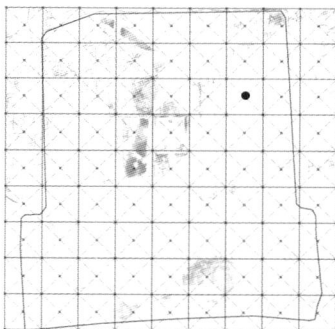

地块X7'Y7'区位图

波油路小街

地块周围状况示意

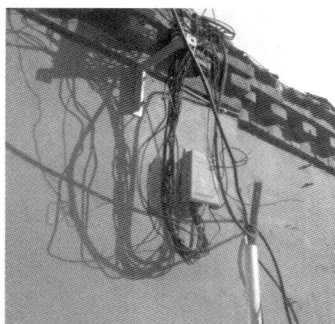

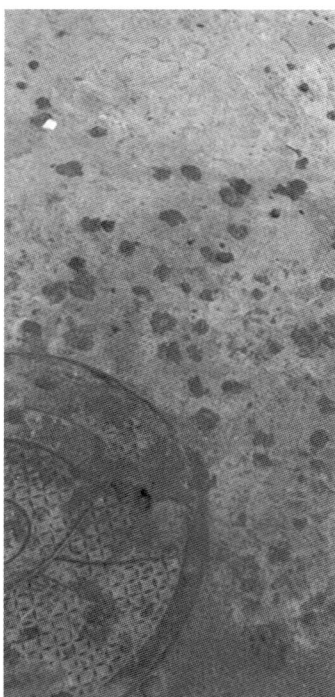

微距北京旧城

朱文一："坑"字在汉字中算是一个标志性的词汇。建筑上的挖坑则是盖房子的第一步。在城市中，市民和游客通常看到的建筑工地是围墙；而在卫星影像图上，则可以看到工地的大坑。一座城市的坑多，表明这座城市正在经历大规模的建设阶段。因此，大坑的数量也可以认为是城市建设强度的重要标志。

调研小组：李煜（第三组：李煜/史夏瑶/钟庆发）
地块信息：地块位于崇文区龙潭西里，北京市第二体育运动学校北京市第200中学内，原为中学操场，目前正在施工。
地块历史：地块位于北京市第二体育中学内，这是一家"历史悠久，底蕴丰厚，人才辈出"的学校。
地块景观：地块主要为基础施工的巨大坑洞，西北角有少量草地和松树。有一条9米的车道，供人行和施工吊装车辆通行。
地块活动：地块内由于正在施工，能观察到的人员仅为施工工人。地块刚好位于作为体育学校最重要的操场中间。巨大的施工"坑"成为了一切竞速与竞技健儿过去赛场的终了。

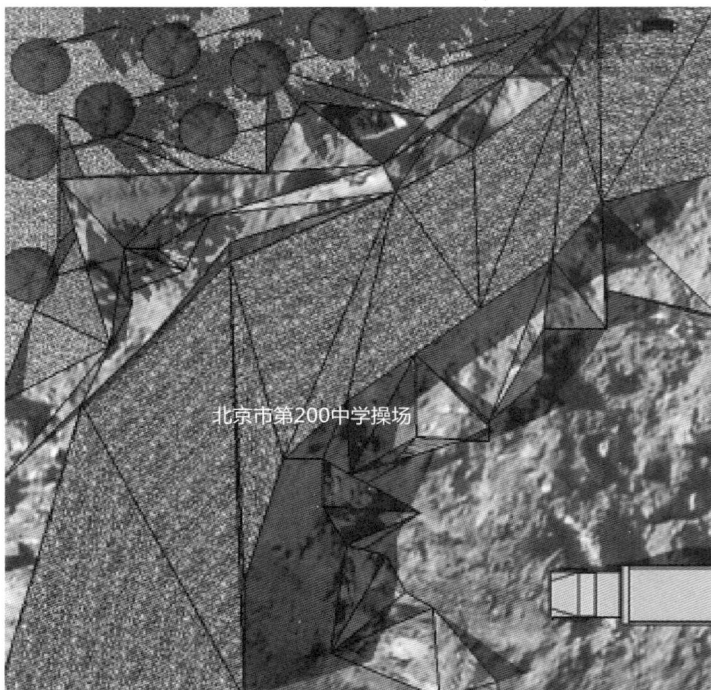

北京市第200中学操场

总平面图

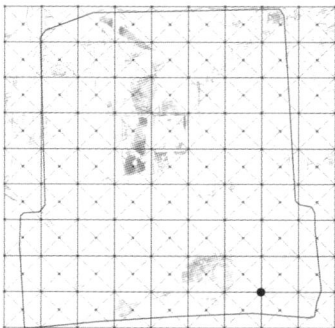

地块X8Y2区位图

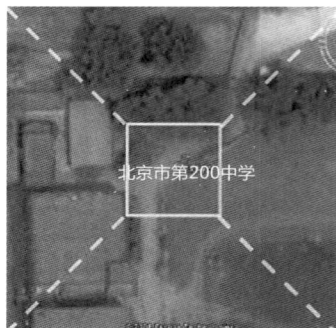

北京市第200中学

地块周围状况示意

微距北京旧城

朱文一：城市中的每一处空间都应该有其领域感，这是空间秩序的体现。一处领域感划分不清的空间会导致无序和迷失。地块X8Y4是一处社区绿地，精心设计的各种景观小品形成的领域边界，创造了不同类型的富有领域感的空间。与此同时，日常活动的行为也在矫正设计的空间，形成新的空间领域。

调研小组：钟庆发（第三组：李煜/史夏瑶/钟庆发）

地块信息：地块位于崇文区东花市大街和南花市大街交界的十字路口旁的一个住宅区内。地块东面和北面被两栋牌楼围合，西面是区级道路，南面则是私人停车场。

地块景观：地块主要由停车、广场和绿地三部分组成。广场以一块古石块及红色茶花园为中心。灰砖铺地小广场连接东西边的楼房。广场上的长椅风格不一，有木石结合的，木铁结合的和全石头的；圆盘广场周围是6米高的圆柱灯，其中一个被黄蓝色回收垃圾桶压歪。绿地部分种植树木有5种，其中两棵高约9米，胸径约5米，树冠直径约7米。其余的树木相对矮小，其中有3棵蜀桧，高约3米。此外，广场周围还有低于1米的小丛林。广场西北角还有些山茶及3种颜色配搭的草丛。比较特别的是绿地上有个类似保护草地的牌，绿地上狗的粪便也到处可见。地块上还有9个井盖，一个灯柱，和一包破坏景观的垃圾。景观丰富多样，整洁健康。

地块活动：根据2008年11月18日下午1:45至3:05观察，地块中活动总人数20人，通过人流14人。地块停放着4辆汽车。通过访问两位已退休女教师得知，这里是已拆胡同的回迁楼，多数老人是四合院和杂院的老住户。据说他们对于新的楼房还挺满意，觉得舒适方便，偶尔也会怀念以前胡同的生活。另外，从一群老人的交谈中得知他们聚集在花园里是想出来晒晒太阳。

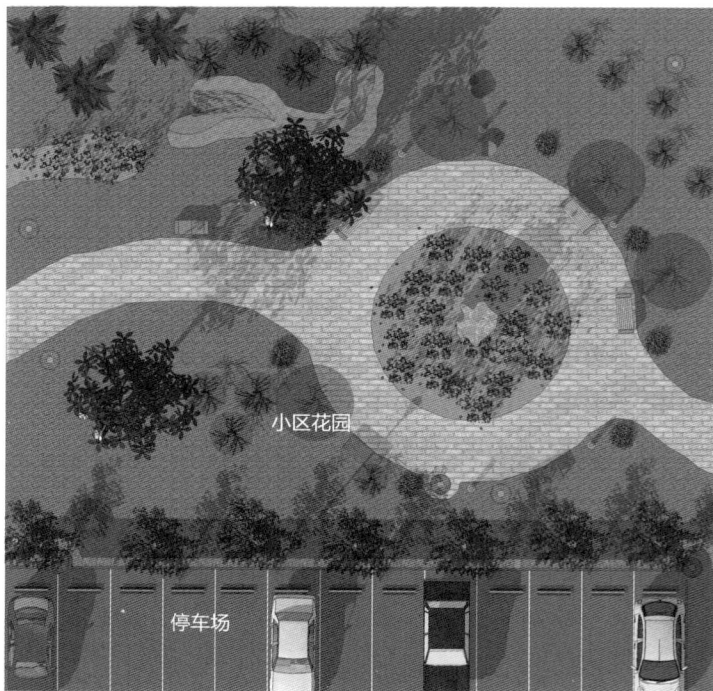

小区花园

停车场

总平面图

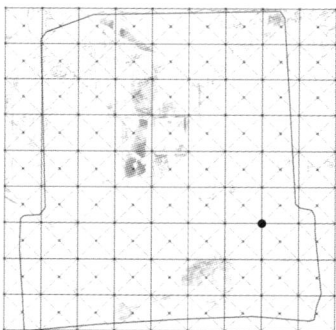

地块X8Y4区位图

东花市大街

住区地面停车

地块周围状况示意

领域感及侵略：地块是一个领域性强的花园，一个属于"我们自己"的小公园。功能上来说是一个私人住区的庭院，形态上来说花园四方都被楼房围合起来，南边被一排树和草丛与停车位隔绝。由于此院是南边楼房的前院，北边楼房的后院，私密性由南至北增加。视觉上来说，树木的遮蔽增加私密感，可是对于楼房上的居民可以清楚看见广场的活动，所以如果看见熟人会下去凑热闹。也许是因为以往在胡同和四合院中生活久了，花园里的老人似乎很容易排斥陌生人，归属感也很强。在院子里轻松聊天成了老人每天的活动。遇到熟人还会相互打招呼，邻里关系不错。人们的活动范围只限于铺地的路径和广场，绿地上立着"小草在生长，请勿打扰"的牌子，禁止入内，形成另一个"私人领域"。绿地上随处可见狗的粪便，由此可见狗的活动范围并不限于铺地广场。绿地成了狗和植物的另一个领域，图中可看出侵略的迹象。停车是另一个功能上非常私人的领域。每一个车位都设有锁和障碍块，以防止其他汽车停放。圆盘形广场是花园和东西路径的节点，可以看出景观布置很朴实实用。

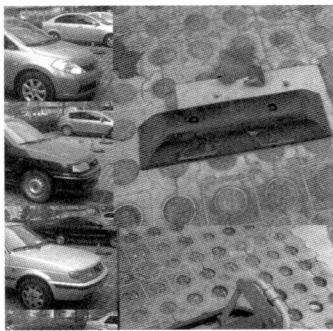

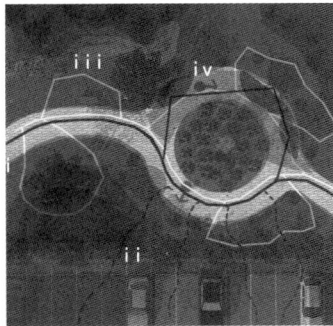

微距北京旧城

朱文一：对于一座有地铁的城市来说，处于人行道上的地铁出入口是形成公共空间的重要元素。通常情况下，地铁口的设计主要为满足人流集散的功能需求；也有的设计考虑了地铁口的建筑形式。而在有条件的地方形成地上地下贯通的公共空间，则考虑得较少。地铁口对塑造良好城市空间品质的作用未能充分发挥。

调研小组：陈国民（第四组：李华/王舸/陈国民/黄瑞林）

地块信息：地块位于北京站西街和北京站街的交汇处，属于北京地铁2号线北京站A出入口(西北口)的一部分。

地块景观：地块内有一棵银杏。

地块活动：根据2008年11月15日下午1:55至3:15观察，地块中活动总人数约200人，通过人流约7000人。主要人流为提着行李箱或背包赶着到北京火车站的旅客。这部分旅客从北京地铁2号线西北出口出来，估计每30秒钟有40～50人，组成了人流大潮。从地铁出来的人流往不同的方向散去。其中，以到北京站街和北京站西街的十字路口等候去往北京站东北部的旅客居多。在行人交通灯由红转绿时，旅客人流一窝蜂穿越马路，每5分钟人流量约为50～80人。还有一部分旅客乘出租车到火车站的东北角，路经此地块，通过行人天桥到火车站候车室。这部分旅客停留时间短暂，不会在地块内停留。

地块建筑：地块内唯一的建筑是北京地铁2号环线，北京站西北口。

140

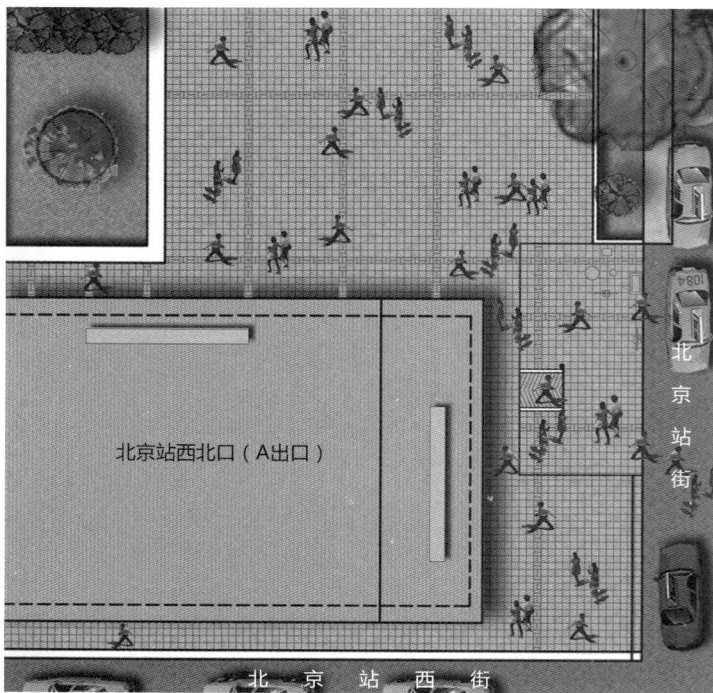
总平面图

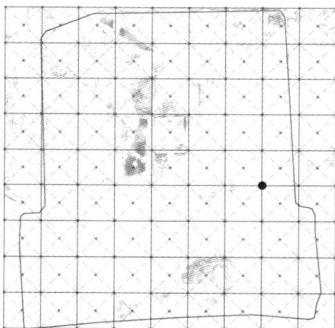
地块X8Y5区位图

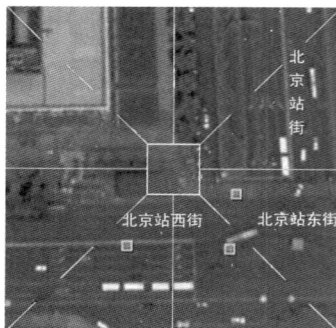
地块周围状况示意

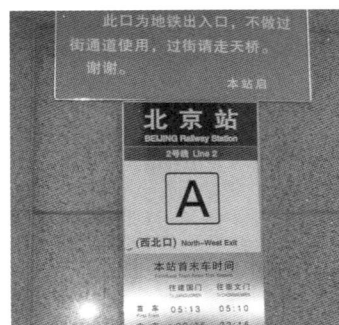

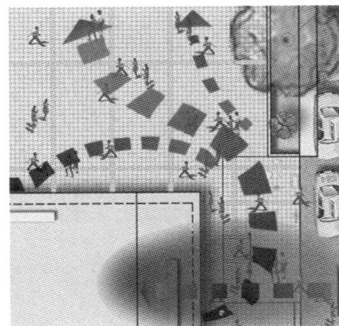

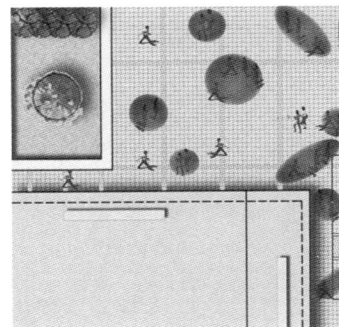

微距北京旧城

朱文一：十字路口是交通的交汇处，也是人驻足停留的地方。十字路口通常是城市设计的重要节点。这是一处发生故事的地方，有时还很浪漫如"十字街头"；这还是一处事故发生的地方，很多人间悲剧在此上演。

调研小组：李华（第四组：李华/王舸/陈国民/黄瑞林）

地块信息：地块位于东城区朝阳门南小街和东堂子胡同的交汇处，包括中国人民解放军北京军区联勤部机关留守处的建筑以及胡同临街店铺。

地块景观：地块内有一棵杨柳，胸径30cm，此外还有4棵国槐，胸径在15～25cm之间。观察期间见到两只宠物狗。

地块活动：根据2008年12月5日下午4:00至5:00观察，共有5人进入东堂子胡同的外交部社区；十字路口上有22人等待过马路，11辆自行车出入东堂子胡同；朝阳门南小街人行道南北方向共有行人22人，自行车4辆，机动车34辆。

地块建筑：中国人民解放军北京军区联勤部机关留守处建筑为现代主义风格，传统胡同店面是青砖筒瓦，伍连德故居是法式蒙萨顶建筑。

总平面图

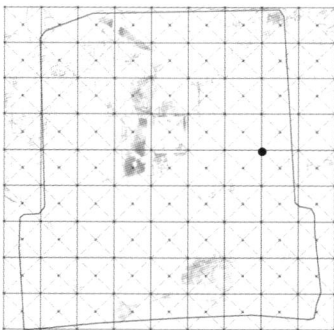

地块X8Y6区位图

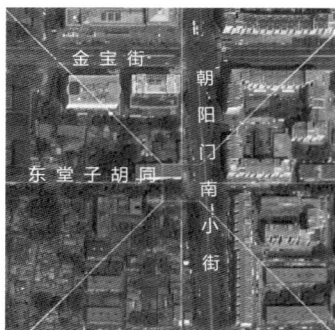

地块周围状况示意

十字路口的故事
故事一：朝阳门南小街在乾隆年间就存在了，因其地处朝阳门内大街南侧而得名。街道两侧店铺林立，小吃、百货应有尽有。现在南小街扩宽与北小街连成一片，成为东城区第一条宽度超过20米的南北畅通大道。
故事二：地块内的北京军区联勤部机关留守处，是位于石景山区的北京军区联勤部在市区内的机构所在地，2002年被评为首都文明单位。北京军区联勤部的前身是北京军区后勤部，也是北京军区设立的领导指挥机关之一，主要负责北京军区各部队的后勤保障。
故事三：东堂子胡同的东出口和东侧的25米位于地块内，与乾隆年间地图相符。沿街青砖房表明，地块的肌理应形成于更早的时期。经查阅，这一带的胡同有近800年历史。东堂子胡同是北京城中历史最悠久的胡同之一。
故事四：伍连德博士故居位于东堂子胡同4号、6号。这是一幢精致的法式建筑，砖混结构，蒙萨屋顶，出自清末留法建筑设计师华南圭的手笔，是中国现代医学先驱伍连德博士的故居。

微距北京旧城

朱文一：出租车往往是城市形象的体现，同时也是流动的公共座椅。不同于广场、街道上固定的公共座椅，行驶在马路上的出租车构成了一张遍布全城的公共座椅网。据称，北京城的出租车已超过7万辆。按每辆出租车有4张乘客座椅计算，有28万张座椅在行进中。而空驶率高，表明座椅的使用率低。

调研小组：易灵洁（第一组：易灵洁/安玛丽/康惠丹）

地块信息：地块属于东城区东直门内大街（簋街）中部的一段，位于内大街与南北小街的十字路口的东侧。包括双向八车道、隔离带和非机动车道。

地块景观：地块内有12株国槐和4株灌木。机动车道和非机动车道均为柏油路面，隔离带由灰色和暗红色的地砖间隔铺砌。

地块活动：根据2008年12月4日下午1:45至2:50观察，非机动车道上自行车的通过频率约为每分钟3辆；机动车情况详见"车行分析"。

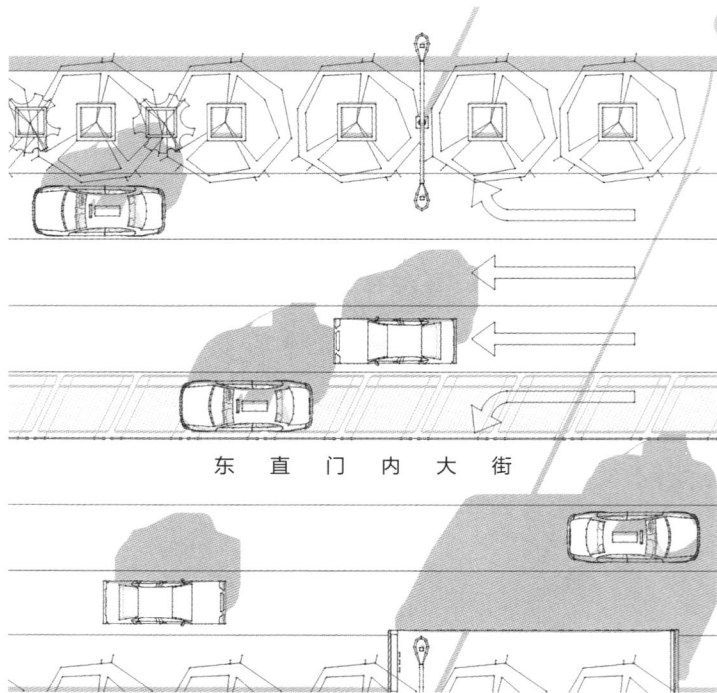

东 直 门 内 大 街

总平面图

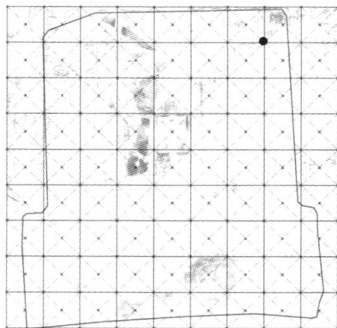

地块X8Y9区位图

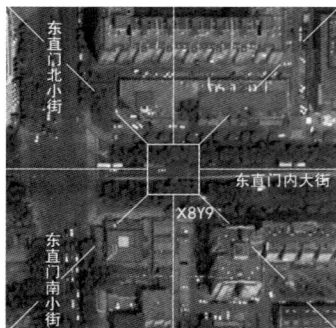

地块周围状况示意

144

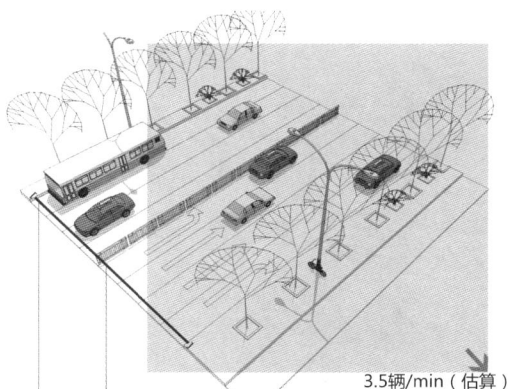

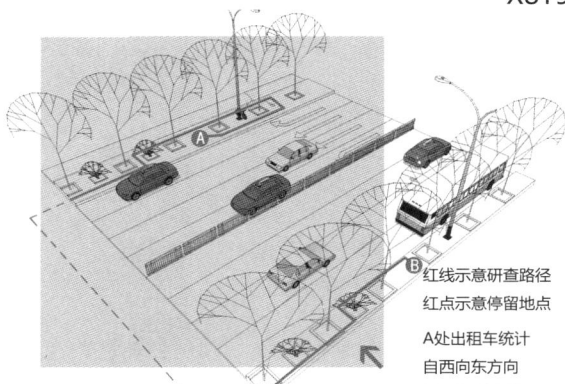

红线示意研查路径
红点示意停留地点

A处出租车统计
自西向东方向
14:10 ～ 14:25
总计经过73辆，空载58辆
减速或手势询问研查者的有37辆
研查者采用摇头、
摆手或置之不理等方式回绝

B处出租车统计
自东向西方向
14:10 ～ 14:25
总计经过89辆，空载31辆
减速或手势询问研查者的有16辆
研查者采用摇头、
摆手或置之不理等方式回绝

3.5辆/min（估算）

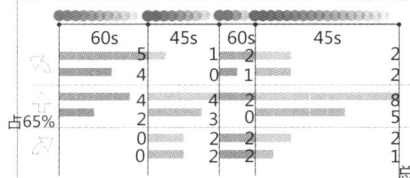

14:05:00　14:06:00　14:06:45　14:08:30　　14:07:45

一次车行统计
向西方向
05:00 ～ 14:08:30
34辆，其中出租车22辆，占65%
间断不均匀

	60s	45s	60s	45s			
	5	1	2		2	7	171
	4	0	1		2	10	120 70%
	4	4	2		8	18	309
	2	3	0		5	10	171 55%
	2	2	2		2	6	103
	0	2	2		1	5	85 83%
				总34		34	583
						22	376 65%

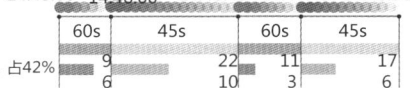

14:45:00　14:46:00　14:46:45　14:47:45　14:48:30

二次车行统计
向东方向
45:00 ～ 14:48:30
59辆，其中出租车25辆，占42%
40左右流量陡增

	60s	45s	60s	45s		
	9	22	11	17	59	1011
	6	10	3	6	25	429 42%

145

微距北京旧城

朱文一：现代社会中，末日情结成为日常话语的一部分。"最后一个……"这样的表述常常出现。这种看似无奈的、带有悲观色彩的表述是对当下现象的警示，也许对未来生活的建构具有积极的作用。地块X8'Y2'中，"最后的南城"可以理解为北京旧城保护理念的一种表述。

调研小组：李煜（第三组：李煜/史夏瑶/钟庆发）

地块信息：地块位于北京崇文区幸福东街，崇文区幸福大街91号北京普金达连锁总店南侧，内部为四合院建筑，有新建临时建筑与机动车道一条。

地块景观：地块内有5棵国槐，5棵柳树，呈现南城胡同的典型景观。地块内常有居民的宠物猫与狗出没，还出现过一只喜鹊。地块内禁止机动车通行，但路边有4辆机动车停放。

地块活动：地块内有坐在路边照顾弟弟的女孩、新建临时建筑中的工人、路两侧店面的店主和穿过的行人和商贩等。

地块建筑：主要建筑有南侧一层平房、西北侧四合院建筑、东南侧白墙蓝顶临时建筑和北侧街道东侧四合院建筑。其中临南北向街道的四合院建筑临街部分都设有商铺，且基本都有临时搭建的部分。根据网上的评论，该地块属于崇外"南城最后的一片胡同"。这一被称为"六号地"的地区包括幸福大街片区、利市营胡同片区、体育馆路片区等，属"危改"项目地区。该项目东起幸福大街，西至崇外大街，北起广安大街，南到法华寺街文章胡同。

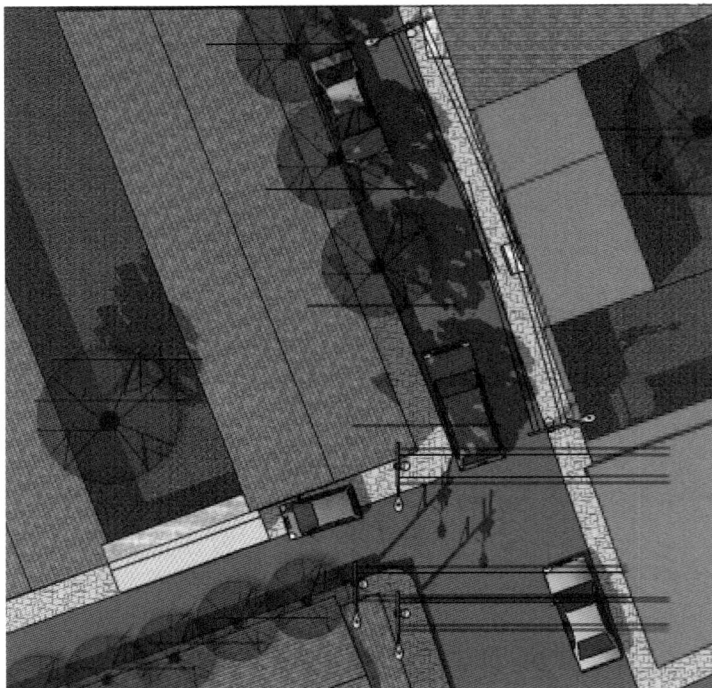
总平面图

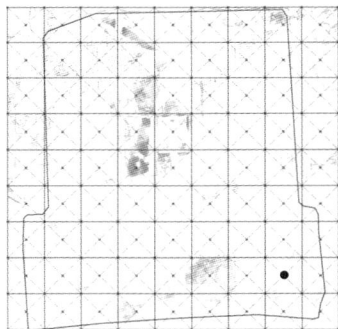
地块X8'Y2'区位图

地块周围状况示意

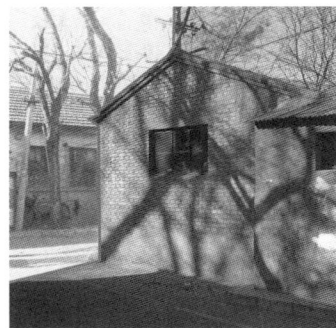

微距北京旧城

朱文一：对于以南北东西向为主导的北京旧城而言，斜街及其由此形成的五岔路口是个例外。例外就是特色。一般而言，这样的地方总是充满活力，因而具有鲜明的空间特色。像地块X8'Y4'这样的历史形成的街巷肌理，应该得到充分的尊重和传承。

调研小组：钟庆发（第三组：李煜/史夏瑶/钟庆发）

地块信息：地块位于南新华街东南边，堂子街和樱桃斜街的交界处。此地块是5条街的交叉口，停车场已变成小广场。

地块景观：地块内大部分景观是胡同，东南部道路交汇地。尽管沿着堂子街到樱桃斜街都没有树木，但从欧式古建筑的音乐行，到富丽堂皇的2层传统建筑，再到原味的灰砖胡同，给人以亲切感。地块内大部分属于私人住宅，谢绝参观，地块东南部的广场却热闹非凡。

地块活动：根据2008年11月18日下午1:45至3:05观察，地块中活动总人数38人，通过的总人数为197人，车流量120辆/小时，自行车流量80辆/小时。固定商摊有水果商铺、装修店、洗衣店、音乐行、麻将馆，服装档口和煎饼档子等。这里有喧哗叫卖、吹打乐器声和汽车喇叭声。流动的顾客是另一个主要的活动人群。从水果店老板张先生口中得知，他已经在这里卖了十年的水果，早晨和中午生意最兴旺，这里的生意非常稳定。据说，政府曾在此测量，打算将这一带的建筑界面重修。但张先生说有些房子已经很破旧，修复外观治标不治本。如同其他的胡同生活一样，这里居住环境拥挤，没有足够的阳光。

地块建筑：地块西面的建筑为高约6米的两层楼房，外观经改造装修显得干净整洁。东面的建筑高度参差不齐，不少是后来加建的，尽管略显杂乱，但也很丰富。

148

总平面图

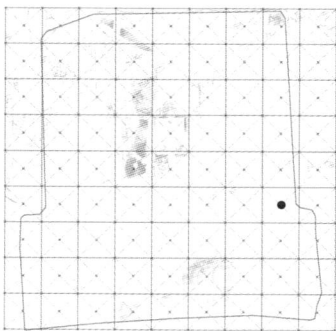
地块X8'Y4'区位图

地块周围状况示意

有凝聚力的空间感：地块聚集的汽车和行人使马路交叉口形成的小广场人气很旺。"斜街"增强了小广场的围合感，而沿路店铺的界面都偏向一个点，则形成了广场的中心感。这也许是广场人气旺的空间因素。小广场的中心有卖花和服装的摊子，四周汇集了地方小吃、零食、服装档口、鲜花洗衣店等；以及麻将馆、乐器行、吉他店、钢琴店、装修店等多种娱乐餐饮、休闲服务功能。丰富的功能类型使小广场成为既具有活力又具有凝聚力的空间。

微距北京旧城

朱文一：单位大院遍布北京城，构成了当代北京城的主要空间单元。单位大院在本质上延续了传统四合院"内外有别"、"请勿入内"的空间特征，成为中国城市空间与西方城市空间的重要区别。在很多情况下，单位大院是当代城市空间公共开放的阻碍。

调研小组：潘睿（第六组：刘利/石炀/潘睿）

地块信息：地块位于建国门内大街，贡院西街与贡院东街间，有中国社会科学院建筑的一部分。

地块景观：地块内建筑占据50％左右，其余为道路和停车场，还有60平方米的散点式路边绿化。城市界面的高宽比，形成一边倒式的空间，树的存在柔化了刚性的建筑空间。地块内停车13辆，品牌不一，以大众、别克和现代为主，色彩多为黑色。

地块活动：地块位于中国社会科学院内，非工作人员不能进入，因此地块内人的活动相对简单。在调研的20分钟内，地块内有11人通过，其中10人为内部工作人员，1人为快递员。工作人员步速较快，可以感觉到工作的节奏很快。

地块建筑：地块建筑为中国社会科学院1号楼，为金融经济办公楼，其建筑形式为砖混结构的现代办公楼，色彩为粉色和米黄色结合。建筑形象比较呆板，应是20世纪90年代的风格。建筑形象不能给人留下确切印象。

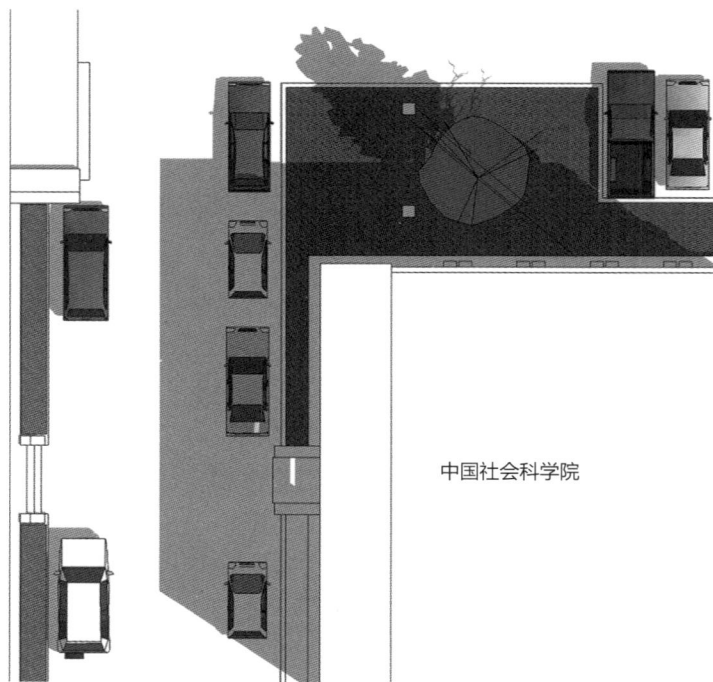

中国社会科学院

总平面图

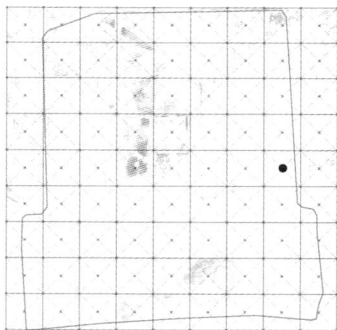

地块X8'Y5'区位图

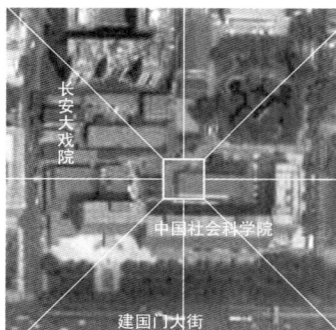

地块周围状况示意

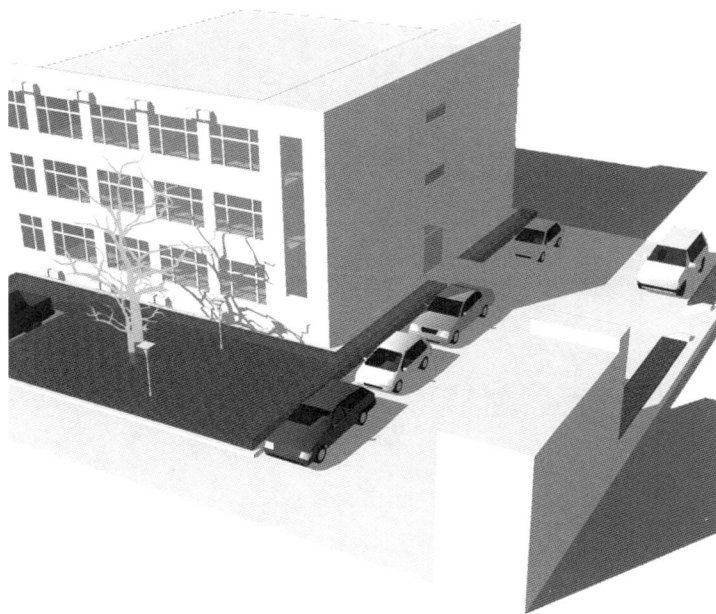

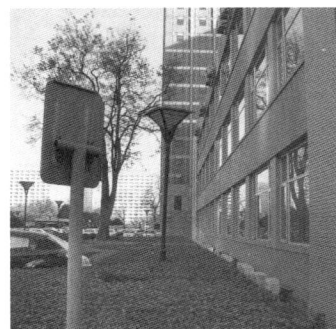

微距北京旧城

朱文一：井盖是城市空间中一处特殊的场景。一般来说，中国的城市空间中很少有永久标注时间及名称的元素。井盖是一个例外。通过井盖，可以知晓城市市政设施建设的年代及建设单位。如果城市空间中的所有建筑都有永久的标牌，标明建设年代和设计单位及设计人，一定会对整体城市品质的提升有所裨益。

调研小组：刘博（第五组：曹雩/魏钢/刘博）

地块信息：地块位于东二环东直门南大街西侧，海运仓胡同南。现分为华普花园居住社区和海运仓胡同，属道路交通和居住用地。

地块景观：地块内有4株银杏，树高约6～6.5米，树冠投影直径2～2.5米，胸径10～15厘米，生长状况良好。地块内有高差，华普花园院内比人行道的标高高出0.8米左右，有踏步和车行坡道连接。路边有雨水沟和若干铸铁篦子和井盖，还有一处路灯检查井。

地块活动：根据下午2:15至2:30观察，地块内活动稀少，期间共有15个人通过，其中华普花园院内8人，人行道1人，过马路6人。机动车交通量为20辆，其中东行12辆，西行8辆。自行车流量为15辆，全部为东行。该地块范围内靠近人行道的部分作为出租车待租点，但期间无出租车停靠。

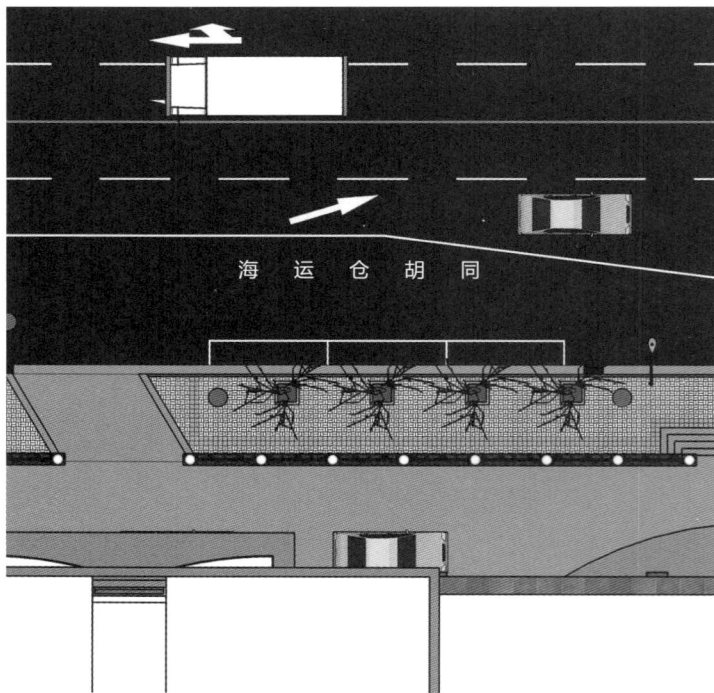

海 运 仓 胡 同

总平面图

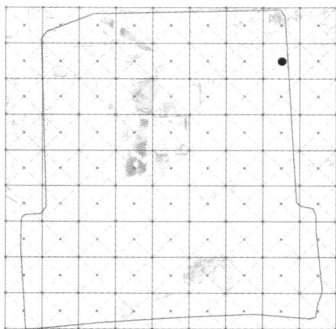

地块X8'Y8'区位图

北新仓夹道

海运仓胡同

北弓匠营胡同

东直门南大街

地块周围状况示意

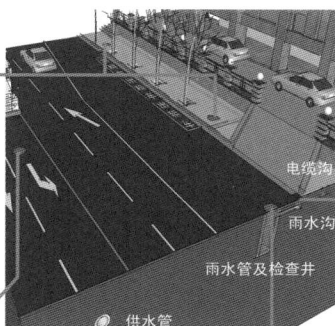

电缆沟

雨水沟

雨水管及检查井

供水管

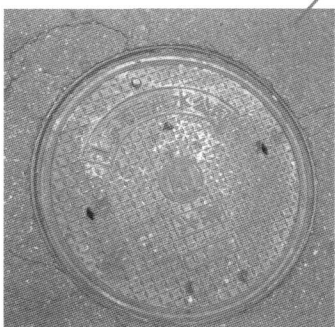

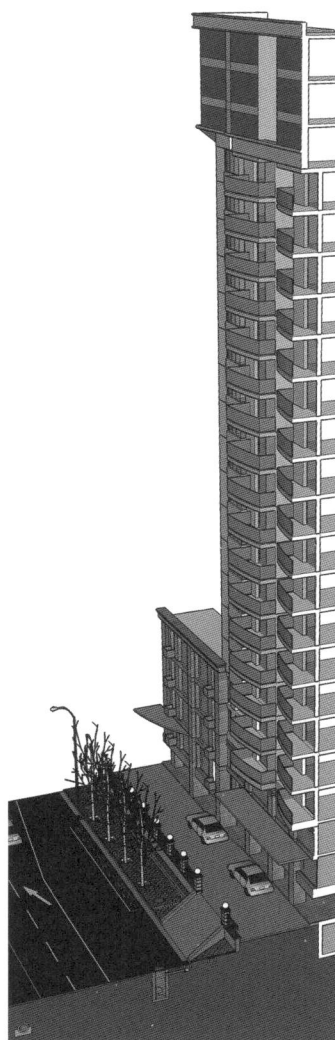

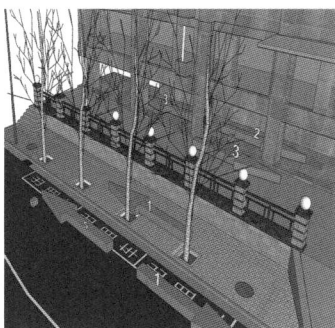

微距北京旧城

朱文一：城市活动丰富多彩，留在空间中的影迹每时每刻都发生着变化。一处好的空间应该具有大的兼容性，能够包容活动的各种变化。400米田径场在城市中既是一处开放空间，也是特定的体育活动空间，更是具有兼容性的城市空间。

调研小组：魏钢（第五组：曹雯/魏钢/刘博）

地块信息：地块位于北京市崇文区北京第五十中学操场西部。

地块景观：操场西侧约2米的绿化带内，在地块内约种有国槐6株。操场跑道共分4道，分道宽最小为1.22米，最大为1.25米。

地块活动：根据2008年12月12日下午2:00至3:00观察，2:10至2:55为下午第2节体育课。这节课在操场内共有五个班级上课，约150名学生和近10名教师活动。

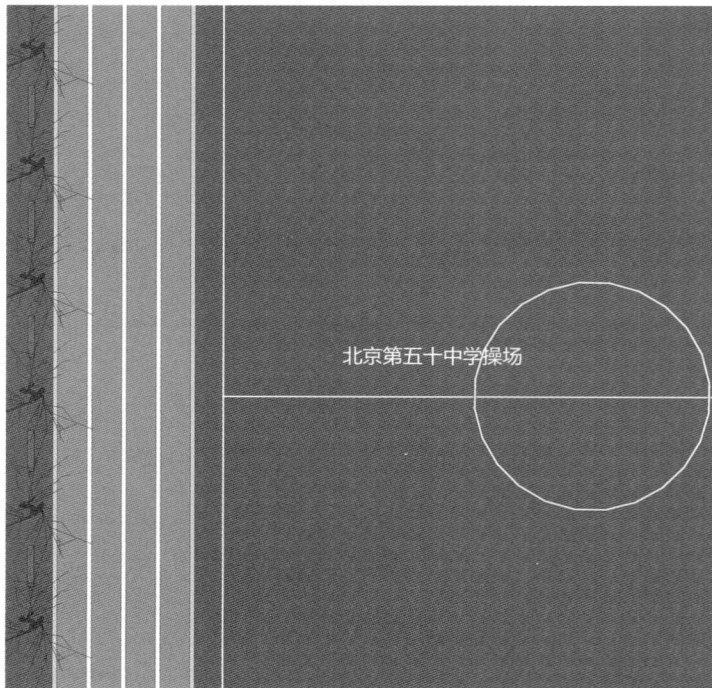

总平面图

北京第五十中学操场

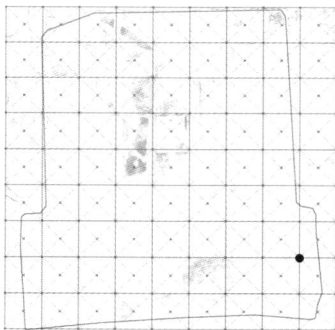

地块X9Y3区位图

地块周围状况示意

北京市第五十中学
No.50 High School Beijing

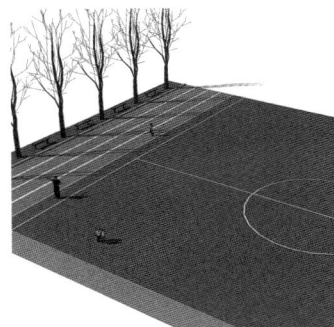

时间	地块内活动(●为A班，●为B班)	操场实景照片	活动的文字解释
14:10（上课）			A班：集合。（学生30人，教师2人）
			B班：集合。（学生30人，教师1人）
14:15			A班：因为集合秩序混乱，老师训话。
			B班：热身操。
14:20			A班：热身操。
			B班：跑步三圈
14:30			A班：跑步（秩序依然混乱）。
			B班：男女分开活动。男生练习篮球传球，女生仰卧起坐。
14:40			A班：男生继续跑步（惩罚），女生场边休息。
			B班：男生足球。（女生自由活动）
14:50			A班：集合，训话。
			B班：集合
14:55（下课）			A班：解散
			B班：解散

155

微距北京旧城

朱文一：识别性是城市空间品质的重要体现。北京旧城中，新建筑如何体现北京地方特色，一直是一个挑战。地块X9Y5中的建筑探索了北京传统建筑与现代建筑的结合，形成了可识别的城市空间。

调研小组：潘睿（第六组：刘利/石炀/潘睿）

地块信息：地块位于朝阳区建国门南大街8号，西部为人大和检察院职工宿舍，北部为陕西饭馆，南部和东部均有围墙。

地块景观：地块主要为停车场，中央有一棵国槐。整齐排列的汽车和国槐在空间上形成对比。灰色的铺地和稳重的车型，以及围墙上排列的摄像头等形成了严肃的场所感。

地块活动：在调研的20分钟内，地块内只有1个人出现。

地块建筑：地块内建筑为砖混结构，主体部分为两层和三层的结合。门前有下沉走道，与停车场通过封闭形水泥台分割。

156

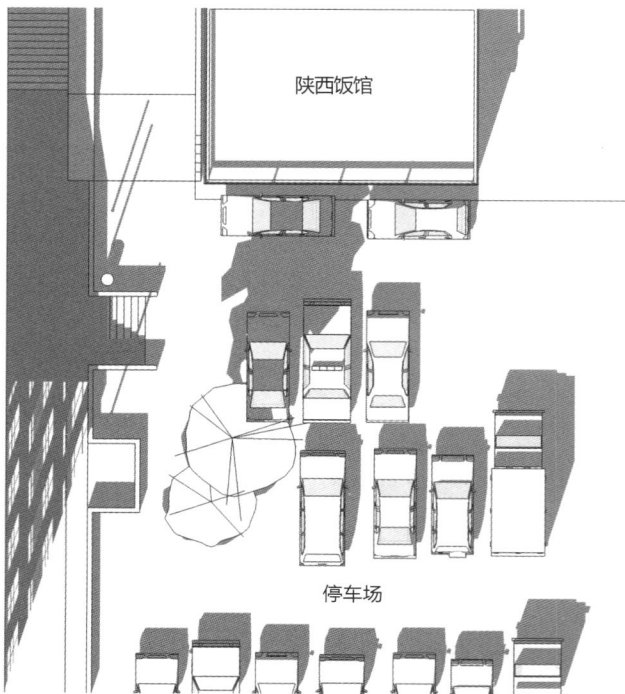

陕西饭馆

人大、检察院职工宿舍

停车场

总平面图

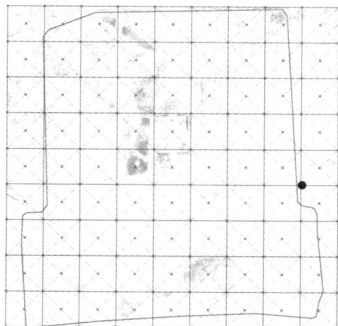

地块X9Y5区位图

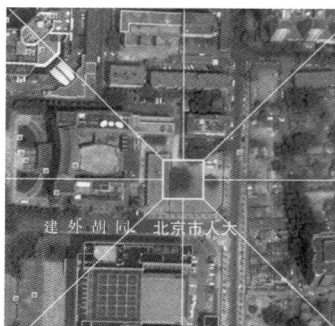

地块周围状况示意

微距北京旧城

朱文一：人的活动是城市空间的主体。准确地说，人的活动应定义为人及其围绕人开展的活动。宠物是人的活动的外延，其在城市空间中的行为应该被充分地考虑。据统计，北京城的宠物数量已超过百万。对宠物及其在城市中形成的宠物空间给予关注，已成为一项不可回避的课题。

调研小组：黄瑞林（第四组：李华/王舸/陈国民/黄瑞林）

地块信息：地块位于北京东城区新中西街西侧，是王家园社区的一条主要出入道路，也是一条通往附近百货公司的捷径。

地块景观：地块有3棵悬铃木，树高约10米，由于调研是在冬季，树叶都落了。

地块活动：根据2008年12月22日下午3:00至3:20观察，地块内路上的行人较多。其中多数人并不是居民，他们把这条路当成捷径通往他们想去的地方。调研的20分钟内，有4只狗路过。1只罗威士梗（Norwich Terrier）；2只玩具型贵宾犬（Toy Poodle)，一白一褐；还有1只比格犬，也称贝格犬（Beagle)。

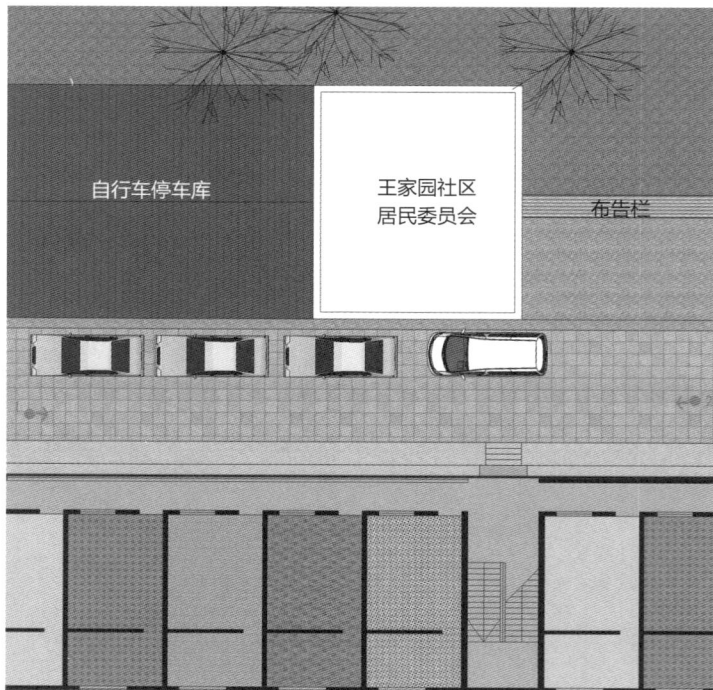

总平面图

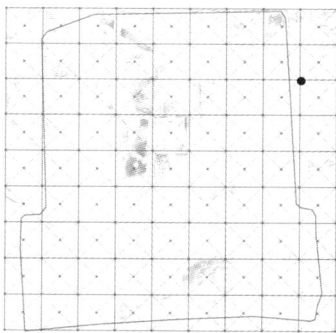

地块X9Y8区位图

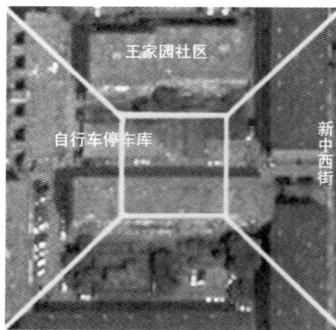

地块周围状况示意

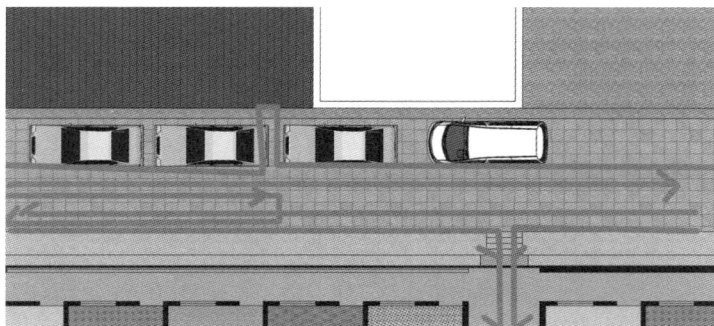

路线一

人数	性别	活动	特征	年龄
4	男	经过		中青
3	男	经过		老
2	男	聊天	遛狗	老
2	女	经过		少
2	夫妇	经过		老
4	男	经过	骑自行车	中青
1	女	经过	骑自行车	少
2	夫妇	经过	骑自行车	
1	女	驾车		中青

路线二

人数	性别	活动	特征	年龄
10	男	经过		中青
2	男	经过	提着鸟笼	老
2	男	经过	两人推一自行车	老
2	女	经过		中青
2	女	经过		老
4	夫妇	经过		老
3	男	经过	校服、书包	少
3	男	经过	骑自行车	中青

路线三

人数	性别	活动	特征	年龄
1	女	回家		中青
1	男	回家		中青

路线四

人数	性别	活动	特征	年龄
1	女	回家		中青

路线五

人数	性别	活动	特征	年龄
2	女	存车		中青
2	男	存车		中青

路线六

人数	性别	活动	特征	年龄
1	女	聊天		中青

微距北京旧城

朱文一：垃圾桶是城市空间中必不可少的要素。而在城市空间塑造中，往往忽视垃圾桶的存在。在城市中，可以看到各种形式的垃圾桶随处摆放。对于整体城市空间而言，像垃圾桶这样的要素也应该给予充分的考虑。

调研小组：刘博（第五组：曹雯/魏钢/刘博）

地块信息：地块位于东直门公共交通枢纽以南，东直门外大街上，包括部分东行机动车道和自行车道以及人行道。

地块景观：地块内有7株国槐，树高约6米，树冠投影直径4～5米，胸径15～30厘米，刚刚经过修剪，生长状况良好；废弃的绿地无人照料，杂草丛生。

地块活动：根据2008年12月19日下午2:05至2:10观察，地块活动主要为行人通行。东行机动车有234辆，东行自行车有58辆；东行行人有186人，西行行人有124人。居民楼内有5人出入，2入3出。地块内有1名环卫工人清理垃圾和1名拾荒者捡垃圾。

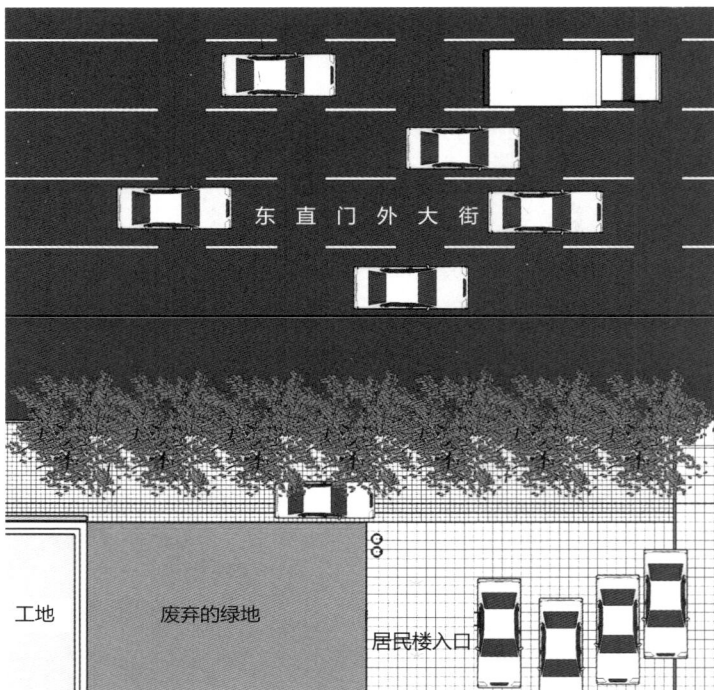
总平面图

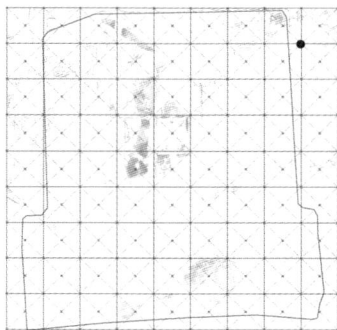
地块X9Y9区位图

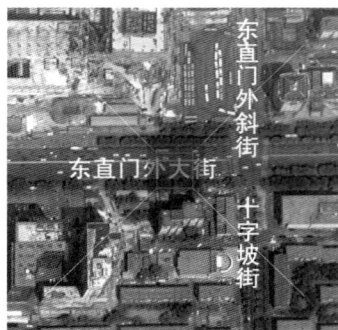
地块周围状况示意

微距北京旧城

朱文一：标志性建筑在城市空间中起着重要的作用。一般而言，标志性建筑以公共建筑为主，同时位于城市中的重要节点上。地块X9Y10中的万国城是住宅社区，其地理位置也不是一般意义上的城市节点。因其建筑设计的另类，而成为一处城市的标志性空间。

调研小组：刘博（第五组：曹雩/魏钢/刘博）

地块信息：该地块位于二环东北角以东，机场高速公路北侧，包括部分万国城社区四期建筑。

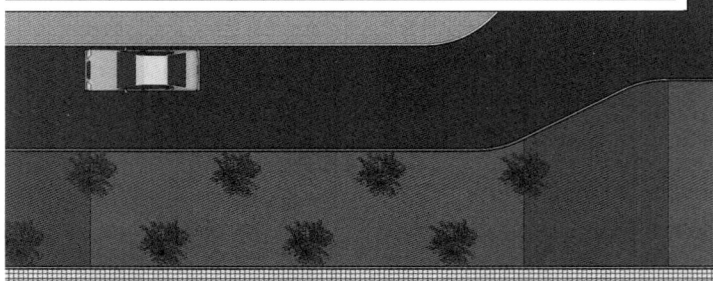

地块景观：地块有8株刚刚移栽的法国梧桐，树高约8～10米，树冠投影直径约5～6米，胸径约10～15厘米，生长状况良好；灌木为冬青。

地块活动：根据下午2:15至2:30观察，共有2个行人通过，均为自西向东。地块内有2辆机动车通过，1辆轿车停靠，还有1辆轿车开走。

地块建筑：万国城设计者Steven Holl是国际知名的建筑师，其设计采用了流行的设计理念，强调空中城市，设计费不菲。东直门是北京的国门地区，同时靠近东三环中央商务区，周围使领馆林立，是北京现代化程度最高的地区。且交通便利，地价很高。施工过程中使用了LOW-E玻璃、特种铝板、铝合金卷窗、陶土混凝土楼板等先进的技术材料，建筑成本高。北京的黄金地段，流行的设计理念，先进的技术工艺，共同推高了万国城四期的价格，高达一平方米平均5万元，成为京城最贵的楼盘之一。按此估算，地块内的房产总额超过4亿元人民币，这里应该是这次研查过程中最贵的地块了。（资料来源：当代万国城租售中心网站http://www.jshwgc.com／）

万国城社区四期

总平面图

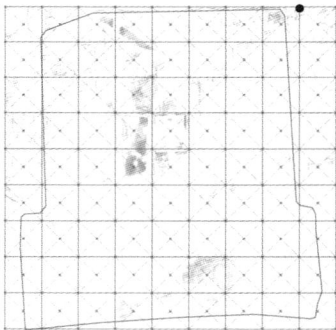

地块X9Y10区位图

香河园路/机场高架

地块周围状况示意

1

微距北京旧城

朱文一：城市空间中有各种各样的实体边界。对于作为首都的北京城来说，有一种实体边界可以理解为"国境"，这就是外国大使馆的边界。"国境"以其强烈的异国风情，成为丰富首都城市空间特色的元素。

调研小组：刘博（第五组：曹雯/魏钢/刘博）

地块信息：地块位于日坛公园北侧，日坛北路和神路街路口附近，毗邻朝鲜人民民主共和国驻华大使馆。地块分为两部分，道路红线以内使用权归北京市政投资公司所有，红线以外使用权归朝鲜民主主义人民共和国所有。

地块景观：地块内主要种植两种植物，院内有6株毛白杨。院外边防铁丝网下种植多花蔷薇，生长状况较差。地块内基础设施较完善。大使馆院墙外有水泥板铺盖。

地块活动：下午2:15至2:30共有5个行人通过，其中至少3人为外籍人士。有2辆机动车通过。地块范围内的沥青路面主要用于停车，但没有任何停车设施，包括停车指引线。

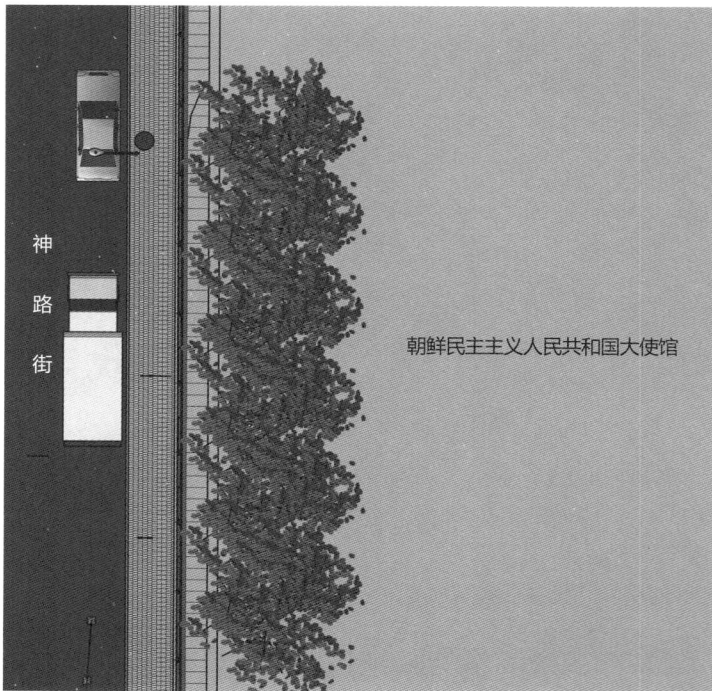

神路街

朝鲜民主主义人民共和国大使馆

地块鸟瞰图

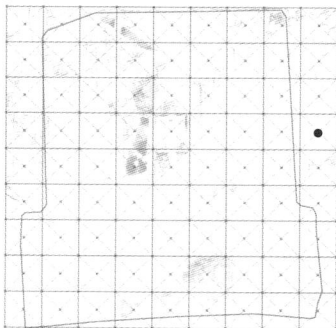

地块X9'Y6'区位图

神路街

朝鲜大使馆

日坛北路

日坛公园

地块周围状况示意

微距北京旧城

朱文一：报刊亭是城市道路空间中为数不多的、拥有经营许可的、合法的建筑物。因其与城市日常生活紧密联系，报刊亭常常是城市空间中极具活力的要素。遗憾的是，像这样具有活力的要素没有被纳入到现代城市空间的设计中。这就导致报刊亭在城市街道上的位置及其自身的形式、色彩、质感等缺乏统筹的考虑。

调研小组：易灵洁（第一组：易灵洁/安玛丽/康惠丹）

地块信息：地块位于朝阳区幸福村中路与春秀路交接的十字路口的东侧。

地块景观：地块内植物主要包括9株侧柏、若干灌木和草皮。主要建筑物有道路北侧一栋6层住宅的局部、道路南侧1至2层临售商铺的局部和一个报亭；另有3处电线杆和1处变压设施。

地块建筑：道路北侧的6层住宅为砖混结构，外墙砖砌，红色涂料饰面；预制构件外凸，封闭作为阳台。道路南侧的1层临售商铺(名烟名酒和音像店)为瓷砖饰面，2层商铺为灰砖饰面，仍在装修。

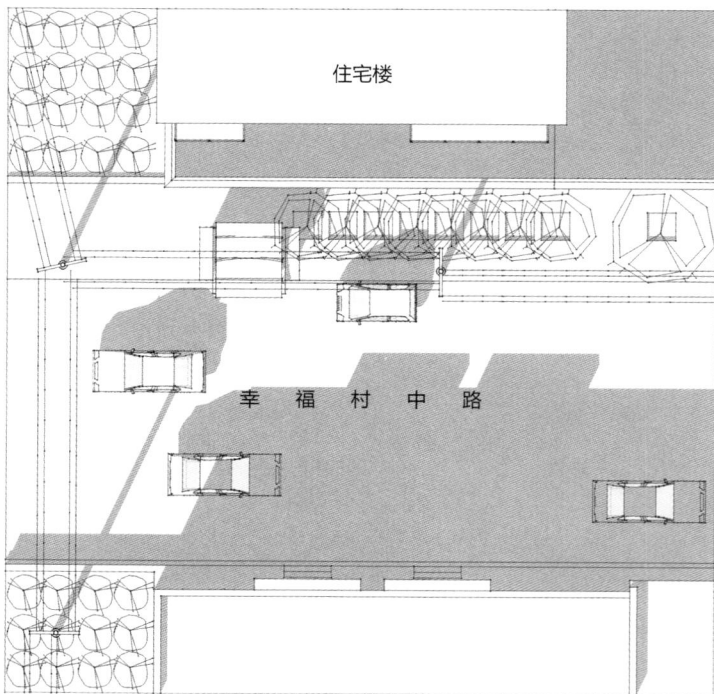

总平面图

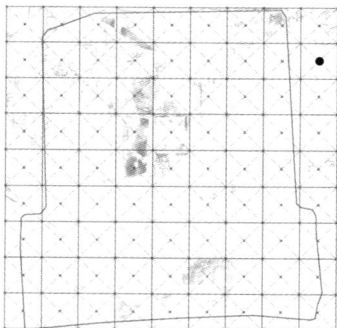

地块X9'Y8'区位图

地块周围状况示意

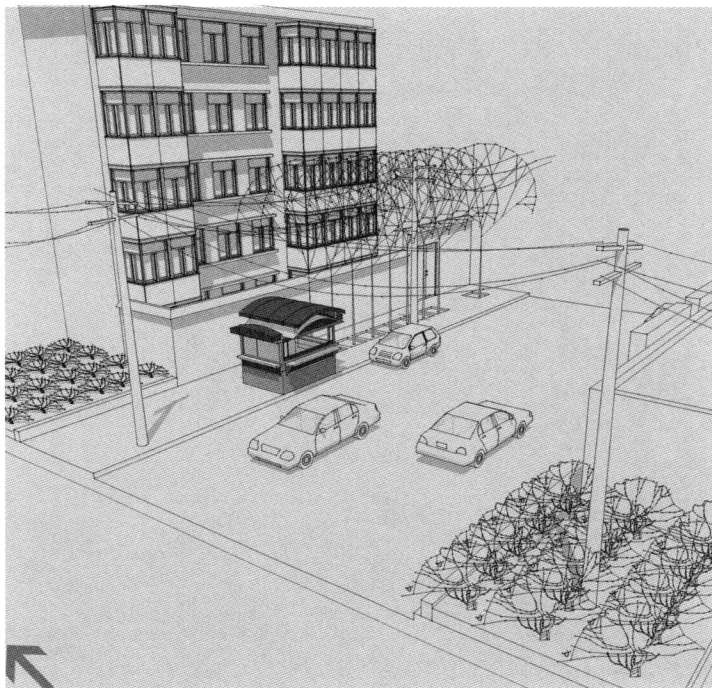

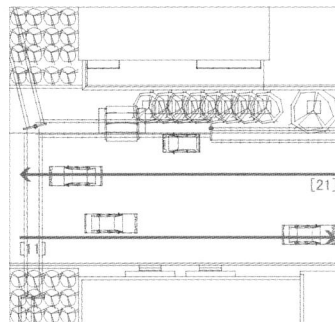

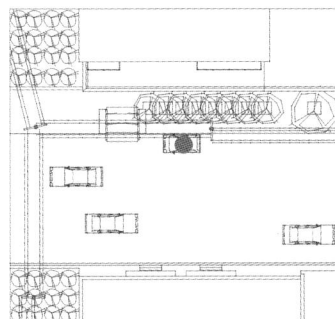

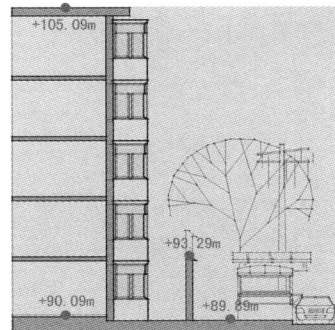

微距北京旧城

朱文一：对于像社区这样的私密空间，严格的管理可以保证其有序地运转。但在寸土寸金的城市中心地区，过多的管理严格的私密空间会降低城市公共空间的数量，并阻碍城市公共空间体系的形成。如果社区的底层空间能够考虑商业功能，进行适当的开放，则有利于创造更多的城市公共空间，进而整体提高城市空间品质。

调研小组：陈国民（第四组：李华/王舸/陈国民/黄瑞林）

地块信息：地块位于北京朝阳区建国门外大街永安东里甲3号内。其北距长安街不到200米，南邻皇城水系通惠河，西侧是万豪国际公寓，东侧是建外SOHO及规划中的CBD商务大厦。

地块景观：地块属于通用时代国际公寓的部分建筑与绿地。由于保安严禁外人随便入内，因此无法鉴定地块内的景观或植物的种类。

地块活动：2008年12月19日下午2:15至3:00，由于地块无法进入，因此无法调研。

地块建筑：地块内截过部分高26层的通用国际中心大厦以及部分高6层的通用时代国际公寓。通用国际中心大厦为现代写字楼，建筑主要以玻璃幕墙为外墙；通用时代国际公寓建筑为古典形式，外墙运用的是大理石，显得高档。

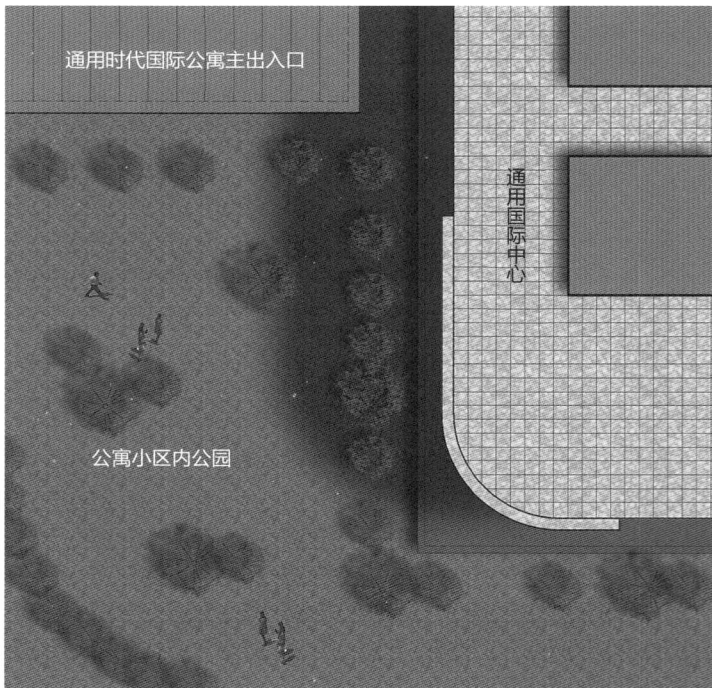

总平面图

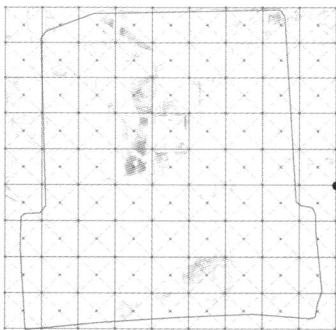

地块X10Y5 区位图

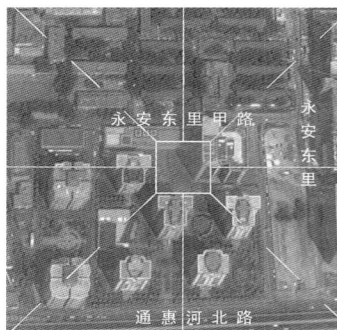

地块周围状况示意

私家宅地　闲人禁入

业　　主：请用智能卡开启门禁进入、观察是否有陌生
　　　　　人尾随。
来访客人：请于保安值勤室进行登记、并利用对讲联络
　　　　　贵亲友，经确认后方可进入。
货运物品：请由所属业主带领或提前通知物业管理处。

注　意　事　项

◎ 未经允许请勿在园区内拍照、摄影。
◎ 请勿践踏草坪、攀折花草树木。
◎ 严禁推销、商贩、衣冠不整等闲杂人员进入本小区。
◎ 本小区由保安人员看守及巡逻，并安装大量闭路监控、
　 必要时保安人员会对园区陌生人进行查询、若给您带
　 来不便敬请谅解。

国贸物业酒店管理有限公司
CHINA WORLD PROPERTY & HOTEL MANAGEMENT CO.,LTD

微距北京旧城

朱文一：城市中有这样一类空间，定时并有规律地聚集大量的人群。常常在夜间定期举办活动的体育场馆就属于这样的空间。地块X10Y8中，可以看到工人体育馆及周边空间在平日里过于寂静，没有体现如此重要的城市中心地区应该有的活力。如何保持日常生活的活力，是这种类型空间设计面临的挑战。

调研小组：罗晶（第二组：罗晶/闫晋波/邱惠国）
地块信息：地块位于北京朝阳区，包括工人体育场东路西侧的部分人行道、自行车道及工人体育场内部东北角的一座临时房屋的局部。
地块景观：地块中人行道边种有5棵圆柏，2棵碧桃，10棵毛白杨。
地块活动：根据2008年12月11日中午11:00至11:10观察，地块中路过行人6男5女，没有人停留，有18辆自行车经过。而工人体育场围墙内禁止人进入，只有2名工人活动，还有6名门卫。

170

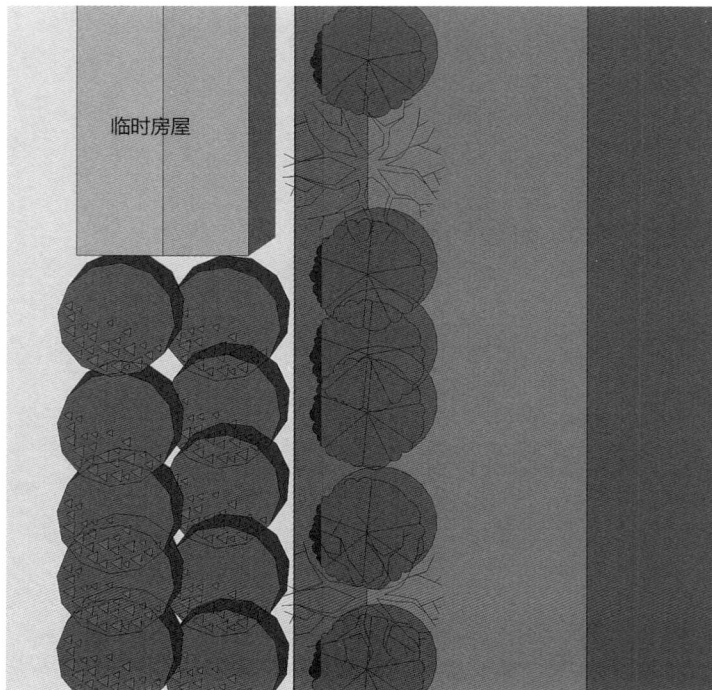

临时房屋

总平面图

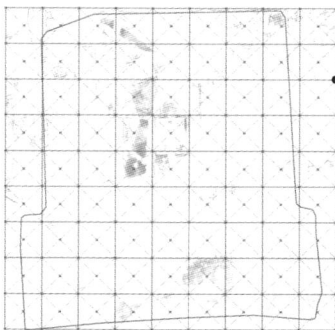

地块X10Y8区位图

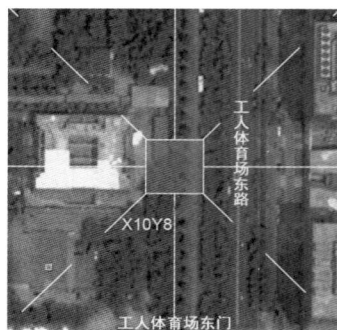

工人体育场东路

X10Y8

工人体育场东门

地块周围状况示意

微距北京旧城

朱文一：宽阔的大马路上充满为汽车而设置的各种交通标识和分隔带，处处提醒行人避免交通事故。像这样仅仅保证人的生命安全的空间，实在是远离令人愉悦的城市空间。而占据城市建成区用地约20%的机动车交通空间，成为创造高品质城市公共空间最大的敌人。

调研小组：姚涵（第七组：郭晓盼/金世中/黄文镐/姚涵）

地块信息：地块位于三里屯的东直门外大街与新东路的十字路口处的行车道。地块北边是加拿大大使馆。

地块景观：地块内国槐覆盖部分车道。车道两旁绿化隔离带内种植女贞和槐树作为行道树。道路为8车道，由西往东直行4道，掉头1道，左转1道，由东往西2道。两向路之间用约1.5米高金属隔离带分割，拐弯处设标志。绿化隔离带设置在机动车与非机动车道之间。金属栏杆、白漆线、双黄线、斑马线、道牙和绿篱等作为空间分隔带，限制人的行为。

地块活动：根据下午2:26至2:36观察，经过地块内行人共计40人，经过公交车11辆，出租车82辆，私家车98辆，货车及其他机动车10辆。

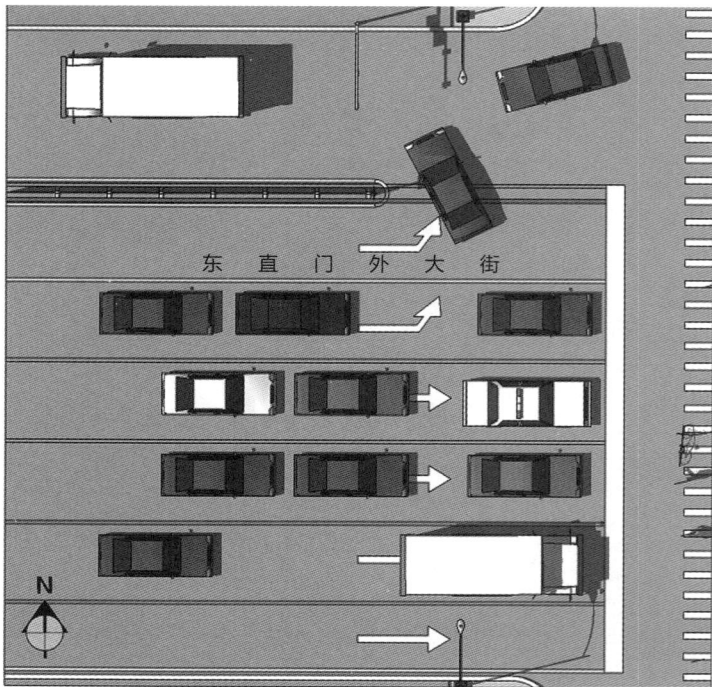

总平面图

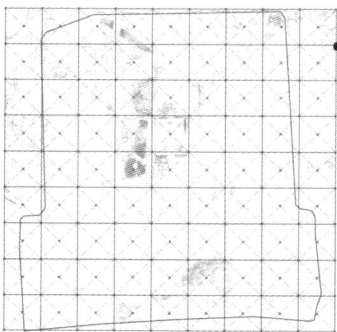

地块X10Y9区位图

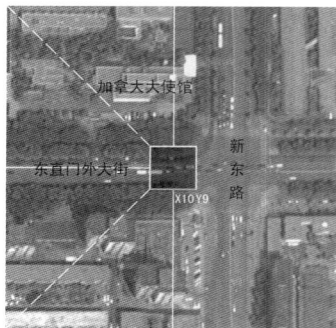

地块周围状况示意

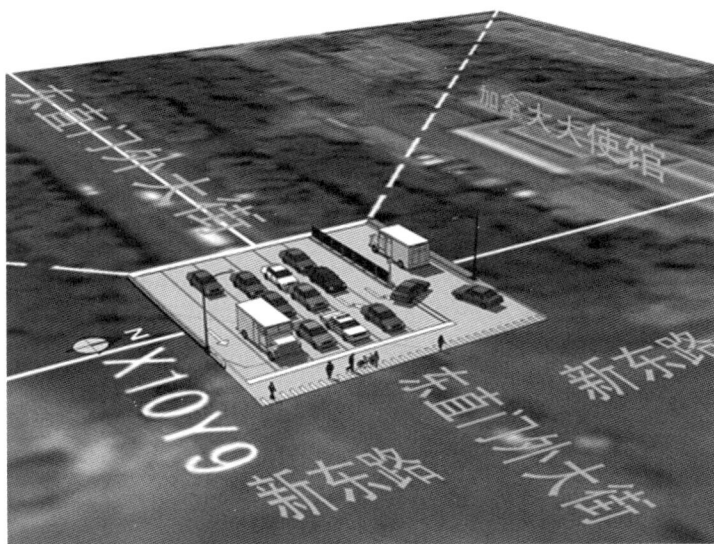

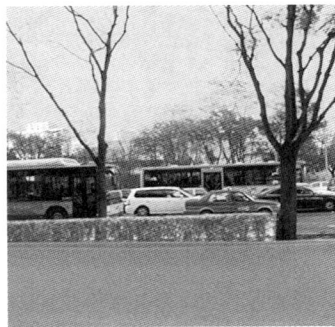

微距北京旧城

朱文一：在以十字路口为主要道路节点的北京城市中心地区，丁字路口显得很特殊。一般而言，丁字路口空间的对景建筑对于塑造其空间特色具有重要的作用。结合丁字路口创造城市公共空间，也是一种常见的方式。地块X10Y10中的丁字路口没有体现其空间价值，但有潜力成为一处有特色的城市公共空间。

调研小组：姚涵（第七组：郭晓盼/金世中/黄文镐/姚涵）

地块信息：地块位于东直门外新源里小区的丁字路口。

地块景观：根据下午2:26至3:26观察，1小时内经过机动车38辆，其中出租车8辆，警车1辆，货车3辆，私家车22辆，私家车停车4辆；非机动车24辆，其中自行车20辆，送货三轮3辆，清洁车1辆。经过行人约15人。

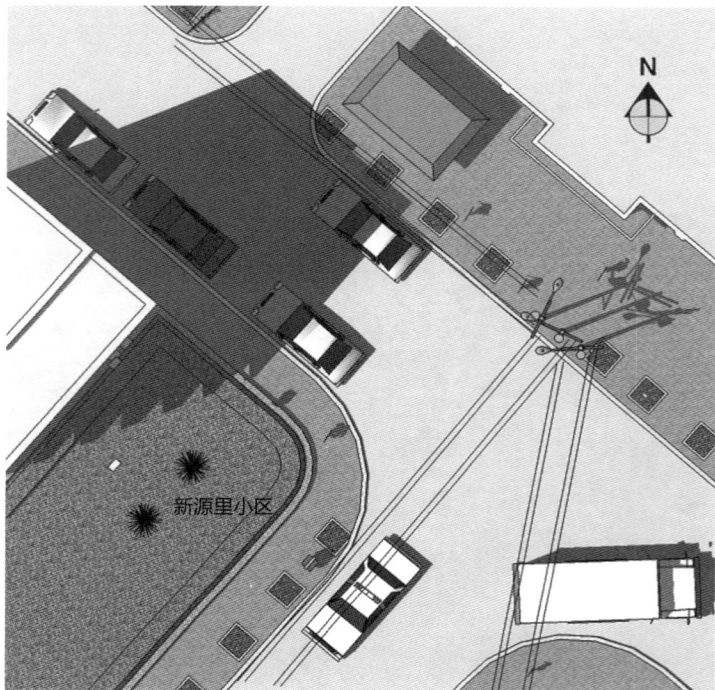
总平面图

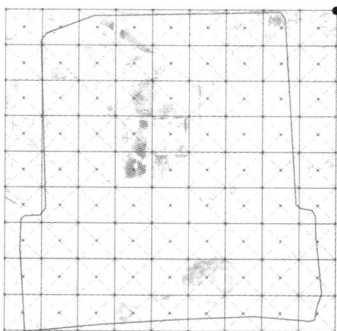
地块X10Y10区位图

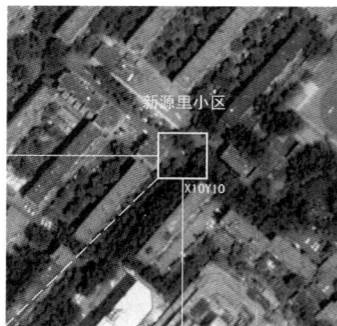
地块周围状况示意

后记

　　这本书的成稿经历了三年多的时间。2009年1月中旬，研查北京旧城（现已改为微距北京旧城）专题展览结束之后，汇编成册的400页打印本成为本书的毛坯。2010年初，我和助教博士生兰俊开始着手整理本书毛坯的内容，根据均衡的原则对每个地块的图片进行了初步的筛选。2010年9月至2011年1月，杨扬协助我进行了本书的排版和图片整理及处理工作，使毛坯逐渐变成了初稿。2011年12月至2012年3月，我对初稿进行了颠覆性的审视，对调查报告中的文字进行了全面彻底的梳理或重写，删减了17份地块调查报告；同时，针对87个地块调查报告，分别撰写了100多字的评述，并对一半以上的地块调查报告进行了再命名。在此过程中，杨扬对图片和文字的排版进行了多次修改、矫正和优化，使本书书稿最终成型。在本书即将交付出版之际，感谢22名研究生对课题研究做出的创造性的贡献；感谢助教博士生兰俊对组织课题研究和形成本书雏形付出的努力；感谢杨扬为本书书稿的形成所付出的心血；感谢清华大学出版社责任编辑赵从棉对本书的仔细校对；感谢张占奎主任对本书的出版给予的大力支持。

　　希望《微距北京旧城》一书的出版，对提升北京旧城空间品质有所参考。愿本书为广大关心北京旧城空间的同仁搭建一个交流平台，同时欢迎提出宝贵意见。

朱文一

2012年3月18日

于清华园

内 容 简 介

　　本书以"微距空间随机取样"研究方法，对北京旧城中87个地块进行了共时态研究，以此还原了当今北京旧城的整体空间状况；为更全面、更准确、更客观地认知当代北京城市空间提供一种研究视角和平台，探索了整体提升北京旧城空间品质的理论和方法。

　　本书适合于建筑学、城乡规划学、风景园林学等学科领域的专业人士和学生，以及相关专业的爱好者。

图书在版编目（CIP）数据

微距北京旧城/朱文一编著. --北京：清华大学
出版社，2013
（当代北京城市空间研究丛书；7）
ISBN 978-7-302-29611-9

Ⅰ.①微… Ⅱ.①朱… Ⅲ.①城市空间-研究-北京
市 Ⅳ.①TU984.21

中国版本图书馆CIP数据核字(2012)第183722号

责任编辑：张占奎
封面设计：朱文一
责任校对：王淑云
责任印制：李红英

出版发行：清华大学出版社
　　　　　网　　址：http://www.tup.com.cn，　http://www.wqbook.com
　　　　　地　　址：北京清华大学学研大厦A座　　邮　　编：100084
　　　　　社 总 机：010-62770175　　　　　邮　　购：010-62786544
　　　　　投稿与读者服务：010-62776969，c-service@tup.tsinghua.edu.cn
　　　　　质量反馈：010-62772015，zhiliang@tup.tsinghua.edu.cn
印 装 者：北京雅昌彩色印刷有限公司
经　　销：全国新华书店
开　　本：185mm×235mm　　印　　张：12　　字　　数：151千字
版　　次：2013年11月第1版　　　　印　　次：2013年11月第1次印刷
定　　价：58.00元

产品编号：046366-01